KB121843

내 몸을 살리는 생강

내 몸을 살리는 생강

2019년 8월 15일 인쇄
2019년 8월 20일 발행

저자 : 송연미 · 박지형
펴낸이 : 남상호

펴낸곳 : 도서출판 **예신**
www.yesin.co.kr

(우)04317 서울시 용산구 효창원로 64길 6
대표전화 : 704-4233, 팩스 : 335-1986
등록번호 : 제3-01365호(2002.4.18)

값 12,000원

ISBN : 978-89-5649-168-4

왜 생강을 먹어야 하는가?

내 몸을 살리는 생강

송연미 · 박지형 공저

머리말

어릴 적 기억에 집을 찾아오시는 손님들은 약속이나 한 듯 누런 봉투에 한가득 전병과자를 사다주시곤 했습니다. 파래가루가 붙어 있거나 땅콩이 붙어 있는 전병과자만 골라서 먹다 보면 남은 것은 항상 돌돌 말린 모양으로 진한 생강 맛이 나는 과자였는데 어린 아이의 입맛에는 잘 맞지 않았던 생강 맛의 과자가 이제는 그리워지는 나이가 되었습니다. 이렇게 생강의 참맛을 알게 될 나이가 되니 생강이 가진 여러 가지 효능에 대한 궁금증이 생겼습니다.

생강을 입 안에 넣었을 때 느껴지는 가장 대표적인 맛은 알싸한 매운맛일 것입니다. 어떤 사람은 이 자극적인 매운맛 때문에 생강을 즐기기도 하고 또 어떤 사람은 너무 강한 매운맛 때문에 생강을 기피하기도 합니다. 매운 고추를 먹으며 연신 땀을 흘리고 입 속에 얼얼한 고통을 느껴가면서도 계속 찾게 되는 이유가 매운맛이 주는 쾌감 때문일 것입니다. 생강은 고추처럼 한입에 자극적인 쾌감을 주진 않지만 그 효능을 좀 더 들여다보게 된다면 생강이 가진 진정한 힘을 느낄 수 있습니다.

입에 쓴 음식은 몸에 약이 된다고 합니다. 그리고 입에 단 음식들, 즉 맛난 맛의 이끌림으로 즐겨 찾게 되는 음식들은 대부분 우리의 몸을 아프게 하는 것들이 많습니다. 반대로 입에 쓰게 느껴지는 여러 가지 채소, 나물류, 각종 약용식물들은 우리의 몸을 이롭게 하는 것들이 대부분이지요. 입에서 당기는 여러 가지 맛난 음식들을 전부 배제하면서 건강만 신경 쓸 수는 없겠지만 음식을 더욱 건강하게 즐기기 위해서는 몸에 좋은 식재료가 가진 여러 정보들을 공부하여 좋은 식품을 선택해야 하는 시대가 온 것입니다.

생강은 값도 싸고, 흔하면서도 쉽게 구할 수 있는 건강식품입니다. 그리고 우리의 식생활에서 없어서는 안 될 중요한 음식 재료이자 한약재입니다.

이 책에서는 생강의 여러 가지 효능에 관하여 고증된 내용으로 정리하였습니다. 뿐만 아니라 생강의 효능을 극대화할 수 있는 쪄서 말린 생강의 활용법과 함께 생강을 사용하여 만든 음식을 소개하였습니다. 이 책을 통해, 많은 사람들이 좀 더 건강한 삶을 영위해 나가길 기원하며 정성껏 책으로 엮어주신 도서출판 예신 여러분께 진심으로 감사를 드립니다.

저자 씀

차 례

머리말 • 4

1 왜 생강을 먹어야 하는 걸까? 9

2 생강은 어디에서 왔으며 언제부터 재배되었을까? 15

- 생강의 종류 _ 21

3 생강은 어떤 도움을 주는가? 23

감기에 특효약이다 • 26
디톡스 효과에 그만이다 • 28
대사성 질환을 개선해 준다(당뇨병, 비만, 고혈압과 고지혈증) • 29
뛰어난 항암, 항염증, 항균식품이다 • 38
위장의 기능을 개선해 주는 천연의 소화제이다 • 42
구취 해결에 효과가 좋다 • 44
갱년기 우울증에 탁월한 효과를 발휘한다 • 45
기의 흐름을 원활하게 하여 수족냉증을 개선해 준다 • 47
알레르기를 개선해 준다 • 49
음식의 맛과 향을 증가시켜 준다 • 51

4 진저롤과 쇼가올은 어떤 기능을 하는가? 55

- 매운맛을 내는 성분들 _ 61

5 생강의 효능을 높여주는 방법 - 쪄서 말린 생강 만들기 65

6 생강을 활용하여 만들 수 있는 다양한 음식들 81

생강청 • 84 | 레몬생강청 • 86 | 생강술 • 88 | 생강배수정과 • 90
생강홍차 • 92 | 생강진피차 • 94 | 생강대추차 • 96 | 진저에일 • 98
생강 시즈닝 • 100 | 생란 • 102 | 편강 • 104 | 생강약과 • 106
생강초절임 • 108 | 생강 드레싱 샐러드 • 110 | 생강파스타 • 112
생강케이크 • 114 | 생강오트밀쿠키 • 116 | 생강설기 • 118 | 생강버섯밥 • 120
생강채소튀김 • 122 | 돼지고기생강구이 • 124 | 삼치생강구이 • 126

7 생강을 닮은 식재료들 129

강황 • 131 | 울금 • 132 | 갈랑갈 • 133 | 핑거루트 • 135 | 양하 • 136

8 생강을 먹을 때 고려할 점 139

- 좋은 생강을 고르는 방법 및 보관 방법 _ 144

1

왜 생강을 먹어야 하는 걸까?

약으로도 향신료로도 사용되는 생강

특유의 알싸한 향으로 생선의 비린내와 육류의 누린내 등을 잡아주는데 빠지지 않고 사용되는 생강은 오래전부터 세계 곳곳에서 향신료나 음식에 넣는 양념으로 쓰였을 뿐 아니라 '약(藥)'으로서 중요한 역할을 해왔다. 의학의 발달 및 건강에 대한 관심이 높아짐에 따라 각종 영양제며 건강식품들이 등장하여 눈길을 끌고 있지만, 생강만큼 다른 약재에 비해 부작용이 거의 없고, 여러 장기에 좋은 효과를 내며 무엇보다도 주변에서 쉽게 구할 수 있는 장점을 가진 것은 드물다.

생강은 강한 향기와 함께 매운맛도 더불어 지니고 있는데, 생강이 가진 매운맛의 성분은 진저롤(gingerol)과 쇼가올(shogaol)이라고 한다. 이것이 우리 몸에서 피의 흐름을 촉진시키고 몸을 따뜻하게 하는 역할을 하며

▲ 공자

《논어》 향당편에는 음식을 대하는 공자의 태도를 알 수 있는 구절들이 나오는데 '불철강식(不撤薑食)'이라고 하여 생강을 곁들여 먹기를 그만두지 않았다는 식습관을 엿볼 수 있다.

살균, 해독 작용도 한다.

인도 사람들의 건강 유지 비결로 잘 알려진 것 중에 요가(Yoga)와 오일풀링(Oil pulling)이 있다. 이 중 생강에서 추출한 기름을 입에 머금은 뒤 뱉어내는 오일풀링은 몸속의 독소를 입으로 배출시켜 소화가 잘되고 관절통증을 완화시키는 효과를 볼 수 있다고 한다.

《논어(論語)》에 보면 공자가 꾸준히 생강을 먹었다는 기록이 있고, 이에 대해 주자는 생강이 정신을 맑게 하며 나쁜 기운을 없앤다고 언급하였다. 조선 시대 의학서인 《동의보감(東醫寶鑑)》에서도 생강이 몸의 찬 기운을 없애고 소화가 잘되도록 하며 구토를 멎게 한다고 하였다.

생강을 먹는 방법은 여러 가지가 있으나 특히 생강을 쪄서 말린 후에 먹게 되면 생강의 매운맛을 내는 성분 중 하나인 쇼가올이 날생강일 때보다 10배 정도 증가되어 혈액순환을 원활하게 해주고 체온을 올려준다. 이렇게 생강을 쪄서 말린 것을 '건강(乾薑)'이라고 하여, 예로부터 한방에서는

이 쪄서 말린 생강을 처방하여 환자들을 치료하였다. 현대인들은 심한 스트레스와 운동이 부족한 환경적 요인 때문에 기초 체력이 약해지고, 면역력 또한 떨어지는 경우가 많은데 쪄서 말린 생강을 섭취하면 이러한 각종 문제들을 개선할 수 있다.

2

생강은 어디에서 왔으며 언제부터 재배되었을까?

생강의 역사

생강은 생강과에 속하는 다년생 식물이다. 8월에서 11월이 생강의 제철이며 대부분 수분으로 이루어져 있고, 특유의 향미 성분과 그밖에 전분, 섬유질, 무기질이 많다.

고려 시대의 의서인 《향약구급방(鄕藥救急方)》에 약용식물의 하나로 생강의 기록이 남아있는 것으로 보아 우리나라에서는 그 이전부터 재배되었을 것이라고 추정할 수 있다. 고려의 현종 때는 큰 공을 세운 신하에게 생강을 하사하였다는 기록이 있는데, 이는 생강이 귀한 약재로 여겨졌음을 보여준다. 그리고 조선 후기의 실학자 정약용이 지은 《경세유표(經世遺表)》에는 여러 상업적 작물들을 언급하면서 전주의 생강밭에서 얻는 이익은 비옥한 논에서 나는 수확보다 그 이익이 10배에 이른다고 하였을

▲ 생강밭

정도이니, 이를 통해 생강이 조선 시대에도 값나가는 약재였음을 짐작할 수 있다.

생강의 원산지는 인도, 말레이시아 등 열대 아시아로 알려져 있으며, 중국에서는 2,500년 전부터 쓰촨성 지역에서 생강을 재배해왔다고 한다. 생강은 원래 고온다습한 아열대 식물로 열대지방에서는 꽃이 피지만, 우리나라에서는 기후 탓으로 꽃을 볼 수 없다. 꽃이 피지 않으므로 열매가 없어 씨앗 대신 땅속 덩이줄기로 번식을 하며 대나무 잎과 같은 모양의 잎이 난다.

오랜 역사를 가진 인도의 전통 의학인 '아유르베다(Ayurveda)'에서는 생강을 '신이 내린 약재'라 하여 식품보다는 소화 촉진, 독소 배출, 관절 통증 완화 등을 해결하는 만병통치약으로써 사용해왔다. 또한 고대 그리스의 철학자이자 수학자인 피타고라스(BC.580~BC.500년경)도 생강을 소화제나 장내 가스를 제거하기 위해 섭취했다고 하니, 동서양을 막론하고 생강은 약으로의 기능을 우선하여 활용되었다.

중세에는 중국산 생강이 페르시아, 라틴 아메리카, 아시아 각국으로 팔려 나갔다. 페르시아와 아랍에서는 중국산 생강을 병을 치료하는 중요한 약용식물로 취급하였다. 중세 유럽에서는 일명 흑사병으로도 불린 '페스트'가 퍼져서 당시 유럽 인구의 1/3이 사망하게 된다. 이때 일반 서민에 비

▲ 헨리 8세와 생강빵

해 상류층 사람들의 피해가 적었는데 그 이유가 부유층에서는 오래전부터 생강을 먹고 있었기 때문이라고 여겨졌다. 그리하여 영국의 국왕 헨리 8세는 일반 국민들에게 생강을 먹도록 지시하였다. 이렇게 하여 생겨난 것이 생강빵(Ginger bread)이다. 이뿐 아니라 생강을 듬뿍 넣고 반죽하여 사람 모양을 한 쿠키를 구워 크리스마스 트리를 장식하는 데도 많이 사용된다. 지금도 유럽에서는 생강쿠키, 진저에일 등 다양한 음식에 생강을 활용하고 있다.

생강의 종류

크기에 따라 생강의 품종은 소생강, 중생강, 대생강으로 나뉜다. 소생강은 조생종으로 줄기가 가늘고 섬유질이 많으며 수분이 적다. 매운맛이 강하며 향이 매우 진하고 약리 효과가 우수한 것으로 알려져 있다. 싹이 잘 트고 부패성이 적어서 종자 생강으로 적합하다.

중생강은 소생강에 비해 덩이가 크고 통통하며 매운맛이 중간 정도이고 육질이 연한 편이다. 김장철에 많이 출하하고 노지 재배용으로 널리 이용되며 대다수 농가에서는 중생강을 주로 재배한다.

대생강은 만생종으로 잎과 줄기가 굵고 크며 줄기 수가 적다. 덩이가 크며 육질이 가장 연하고 매운맛이 약하여 주로 제과나 편강을 만드는 원료로 재배된다. 저장성이 낮아 가공용으로 이용되는 경우가 많다.

또한 생강을 약재 등으로 쓰기 위해 생강을 그대로 말린 것을 건생강(乾生薑), 쪄서 말린 것을 건강(乾薑), 검은 색이 나도록 구운 것을 흑강(黑薑)이라 한다.

3

생강은 어떤 도움을 주는가?

질병 예방에 효과적인 생강

생강은 구하기 쉽고 활용하기에도 편리하며 가격도 싼 편이다. 생강이 우리 몸에 좋은 이유를 말하자면 열 가지도 넘을 것이다. 물론 우리나라를 대표하는 보양식품이라고 하면 인삼을 제일로 치지만 가격이 비싸 일상에서 늘 섭취하기에는 생강만한 것이 없다.

추운 겨울에 따뜻한 생강차 한 잔을 마시면 얼어있던 몸에 온기가 돌고 추위를 잊는다. 여기에 생강이 들어간 여러 가지 식품을 매일 꾸준히 먹으면 내 몸이 한층 더 건강해지는 느낌이다. 그밖에도 감기부터 암, 우울증에 이르기까지 우리의 건강을 해치는 여러 질병에 있어서 생강은 많은 도움을 준다. 이처럼 생강은 예로부터 우리의 건강을 유지하는데 매우 요긴하게 쓰여 왔다.

❶ 감기에 특효약이다

감기는 불치병도 아니고 다른 질환에 비해 심각한 질병이라고 말할 수 없지만, 독감이 아닌 일반 감기의 경우에는 예방백신이 없어 의료기술이 발달한 지금도 인류가 정복하지 못한 질환 중 하나이다. 감기는 20여 종 이상의 바이러스에 의해 발생한다고 알려져 있으며 재채기, 기침, 콧물, 코 막힘, 인후통 등의 호흡기 증상을 동반하며 미열과 두통이 따른다. 그 증상 자체는 2주 정도면 자연적으로 회복이 되기 때문에 감기 자체를 심각하게 받아들이는 경우는 드물다. 그러나 만성질환을 가진 사람들이 감기에 걸리게 되면 질환이 악화되는 경우가 많으므로 특별히 신경을 써야

한다. 감기는 약을 먹으면 1주일, 약을 안 먹으면 7일이 걸려 낫는다고 흔히들 하는 얘기가 있다. 이는 감기를 치료하는 특별한 약이 없다는 의미이기도 하고, 약을 먹어서 감기로 인한 고통을 줄여줄 수는 있으나 그것이 근본적인 치료가 되지는 않음을 뜻하는 것이다. 그러므로 감기는 걸리지 않는 것이 최선이다.

생강은 신체의 냉기와 습기를 없애준다. 계절이 바뀌는 환절기에 감기 증상이 자주 나타나는데, 이때 생강을 먹으면 효과가 좋다. 특히 목감기와 갑작스러운 발열에 효능이 있으며, 가래가 있으면서 기침이 나고 숨이 찬 증상을 완화시킨다. 한방 용어에 '강삼조이(薑三棗二)'란 말이 있다. 생강 3쪽과 대추 2쪽을 일컫는 말로 대부분의 한약 조제에 빠지지 않고 들어가 생강이 약방의 감초처럼 흔하게 쓰이는 것을 에둘러 표현한 말이다.

겨울이 시작되는 환절기에 얇게 썬 생강과 대추 몇 개를 넣고 한두 시간 정도 약한 불에 푹 끓여 차로 마셔 보자. 그러면 집안에 가득 퍼진 생강 향기가 코앞까지 찾아온 감기를 멀리 보내버릴 것이다.

❷ 디톡스 효과에 그만이다

'해독(解毒)'이라는 뜻을 가진 디톡스의 정확한 명칭은 'Detoxification'이며, 이를 줄여서 'Detox'라고 부른다. 인체 내에 쌓인 독소를 배출한다는 뜻의 유사의학 요법이다. 쉽게 얘기해서 나쁜 물질들이 몸속으로 과다하게 유입되는 것을 방지하고 노폐물의 배출을 촉진하는 것을 말한다.

계절을 가리지 않고 나타나는 극심한 미세먼지, 환경 호르몬 문제, 비만과 성인병을 초래하는 수많은 식품 첨가물과 각종 유해물질 등으로 인해 요즘 사람들은 독소에 자주 노출되어 있다.

몸 곳곳에 쌓여 염증을 유발하는 독소들은 쉽게 배출되지 않고 축적되어 있다가 건강을 위협한다. 또한 에너지 대사과정에

서 생성되는 각종 노폐물과 활성산소, 스트레스 등이 독소를 생성하기도 한다. 사람들은 장 청소를 하거나 단식 또는 채소로 만든 주스나 항산화 효과가 있는 과일을 물에 넣어 우린 디톡스 워터를 마시는 등 여러 가지 디톡스 요법들을 실천하고 있다.

생강의 매운맛 성분은 강력한 항산화물질로서 디톡스 역할을 톡톡히 해낸다. 생강 속에 함유된 항바이러스, 항균물질들은 우리 몸속의 독소를 체외로 배출시키는 역할을 한다. 또한 생강은 값비싼 건강 보조 식품이나 의약품들에 비해 효과적이며 경제적인 디톡스 식품이라고 할 수 있다.

❸ 대사성 질환을 개선해 준다

대사의 사전적 정의는 생물체가 몸 밖으로부터 섭취한 영양물질을 몸 안에서 분해하고, 합성하여 생체 성분이나 생명 활동에 사용하는 물질 또는 에너지를 만들고, 필요하지 않은 물질들을 몸 밖으로 내보내는 작용이다.

다시 말하면 우리 인간들은 살아가기 위해 음식을 먹고 그것을 통해 영양분을 섭취한다. 흔히 탄수화물, 단백질, 지방, 무기질, 비타민으로 알려진 영양분들은 매우 복잡한 고분자화합물로 이루어져 있으며, 이러한 화합물들은 몸속에서 분해되어 흡수된다. 이렇게 흡수된 영양분들은 생명을 유지하고 활동에 필요한 에너지를 생산해주는 역할을 한다. 이때 더 이상 흡수되지 않는 물질들은 대소변과 땀 등으로 배출하게 되는데 이런 전 과정을 보통 에너지 대사라 말하는 것이다.

에너지 대사가 원활하지 못하거나 기관 중에 하나가 약해져 우리 몸에 불균형이 생길 경우에는 대사성 질환이 발생한다.

보건복지부 및 대한의학회에서는 다음의 구성 요소 중 3가지 이상이 있는 경우를 대사성 질환(대사증후군)으로 정의내려 관리가 필요하다고 보았다.

- **복부비만:** 허리둘레 남자 90cm, 여자 85cm 이상
- **고중성지방혈증:** 중성지방 150mg/dL 이상
- **낮은 HDL 콜레스테롤혈증:** 남자 40mg/dL, 여자 50mg/dL 이하
- **높은 혈압:** 130/85mmHg 이상
- **혈당 장애:** 공복 혈당 100mg/dL 이상 또는 당뇨병 과거력, 또는 약물복용

주요 대사성 질환으로는 당뇨병, 고혈압, 고지혈증, 심혈관 질환 등이 있다. 그중 당뇨로 인한 여러 가지 합병증은 삶의 질을 떨어뜨릴 뿐 아니라 생명을 위협하기도 한다. 당뇨 자체가 유전적인 요인이 크긴 하지만 식습관에 의해 후천적으로 나타나는 경우도 많다. 당뇨의 첫 번째 문제는 인슐린 저항성이다. 당분이 많이 함유된 음식물을 장기간 먹을 경우 체내의 세포에서는 인슐린에 대한 거부감이 증가한다. 이러한 인슐린 저항성은 세포 내의 당분과 인슐린의 유입을 방해해 고지혈증을 유발한다. 그 결과 심각한 대사질환을 가져오게 되고 전신에 통증과 염증이 생긴다.

생강은 신진대사를 활발하게 하여 당뇨, 비만 등의 질환을 개선시키는 역할을 한다. 특히 생강의 진저롤 성분은 담즙의 흐름을 좋게 하여 혈액 내 콜레스테롤이나 생리통에도 효과가 좋다. 예전부터 생강은 해열 작용이나 혈액순환에 효과가 좋아 아스피린에 버금간다고 하였다.

평소의 생활 습관과 자신의 몸을 어떻게 관리하느냐에 따라 건강한 삶을 영위할 수도 있고, 질환에 시달리며 살 수도 있다. 예방 가능한 대표적인 대사성 질환과 생강의 효능에 대하여 알아보자.

● 당뇨병

현대인들에게 당뇨병은 가장 대표적인 대사성 질환으로 알려져 있다. 현재 우리나라 30세 이상의 당뇨병 유병률은 10% 이상이다. 특히 70세 이상에서는 10명 중 약 3명이 당뇨병 유병자인 것으로 보건복지부의 국민영양 조사에 보고되어 있다.

우리 신체가 가장 기본적으로 사용하는 에너지원은 포도당으로 밥, 빵, 고기, 과일 등의 식품에서 얻어진다. 포도당은 혈액 속에 0.1% 정도 존재

▲ 식이요법과 혈당 측정

한다. 그러나 우리 몸에서 혈당을 조절해 주는 인슐린이 기능을 다하지 못하거나 부족하여 혈당 수치가 높아지게 되면 당뇨병이 생긴다.

당뇨병의 대표 증상으로 다뇨(多尿), 다갈(多渴), 다식(多食)의 세 가지 현상이 나타나는데, 만성적 당뇨병은 신체의 각 기능 손상과 부전을 가져온다. 특히 망막과 신장, 신경 계통에 나타나는 미세혈관의 합병증과 동맥경화, 심혈관, 뇌혈관 질환 등은 당뇨성 혼수와 사망까지 초래할 수 있다.

생강은 인슐린 분비를 원활하게 하면서 혈당을 조절해 인슐린 감수성에 도움을 준다. 공복 혈당을 낮추는 기능을 하므로 식이요법과 함께 생강을 섭취하면 당뇨를 예방할 수 있다. 당뇨는 주의 깊은 관리가 동반되지 않으면 매우 위험한 질병이지만 철저한 관리로 혈당을 조절하고 합병증을 예방하면 유병장수(有病長壽)할 수 있는 질병이기도 하다.

인슐린 저항성이란?

당뇨병을 얘기할 때 빠질 수 없는 단어가 바로 인슐린이다. 췌장에서 분비되는 호르몬인 인슐린은 신체에 여러 가지 역할을 하는데, 혈액 속의 포도당을 세포 속에 넣어주는 역할이 가장 크다. 그런데 이 인슐린의 기능이 떨어져 세포 속으로 들어가야 할 포도당이 넘쳐나게 되고 세포는 인슐린의 작용을 거부하게 되는데 이러한 현상을 인슐린 저항성이라 한다. 그러면 포도당이 혈액 속에 점점 많이 쌓이게 됨에 따라 과량의 당분이 소변으로 배설된다.

인슐린 저항성을 낮추고 인슐린 감수성을 높이기 위해서는 알맞은 칼로리 섭취와 함께 적절한 운동을 꾸준히 하며 정상체중을 유지하는 것이 정답이다.

● 비만

자신이 비만인지 아닌지를 간단하게 계산해 볼 수 있는 방법이 있다. 바로 키와 몸무게만으로 비만도를 계산하는 것인데, 이를 나타내는 체질량지수를 BMI(Body Mass Index)라 한다.

체중(kg)을 키(m)의 제곱으로 나눈 값이 25 이상이면 우리나라에서는 비만으로 보지만 서양에서는 30 이상을 비만으로 규정한다. 예를 들어 키가 170cm이고, 몸무게가 85kg인 한국 남성의 경우 $85 \div (1.7m)^2$=약 29이다. 따라서 이 남성의 경우는 비만이 된다. 하지만 이렇게 키에 비해 체중이 많이 나가는 경우를 비만이라고 단정지어 얘기하지만, 구분하여 볼 것은 운동으로 인해 근육이 매우 발달한 사람의 체중은 같은 조건의 지방이 많은 사람에 비해 무거울 수 있다. 그러므로 체중보다는 내장지방이 많은 사람을 비만이라고 진단하는 것이 맞다. 그렇기 때문에 비만도를 알기 위해서는 병원을 찾아 체지방을 측정해 보는 것이 확실한 방법이다.

비만의 원인은 영양소를 필요량 이상으로 많이 섭취하거나 활동량이 적어 소비되지 못한 영양소가 체내에 지방으로 축적되어 나타난다. 비만은 그 자체만으로도 불편하지만 당뇨병, 고지혈증, 관절염, 심혈관계 질환 등을 유발할 수 있고 암 발생의 원인이 되기도 한다.

생강은 체온을 상승시켜 몸 안에서 당질과 지방의 연소를 촉진시키고, 이로 인해 신진대사가 원활하게 이루어지도록 만든다. 비만은 생활 습관이 만들어낸 질환이라고도 말할 수 있다. 규칙적인 운동과 적절하고 균형 있는 음식물 섭취를 병행한다면 체중 감소와 함께 비만을 예방하는 것이 가능하다. 체온이 1℃ 올라가면 대사량이 약 10% 증가하므로 생강 섭취로 체온을 올리면 더 많은 에너지를 소비할 수 있고, 큰 부작용 없이 다이어트에 성공할 수 있다.

기초대사량이란 무엇인가?

다이어트에 좋은 효과를 낼 수 있는 방법은 바로 기초대사량을 높이는 것이다. 에너지는 몸을 움직일 때만 소비된다고 생각하기 쉽지만, 실제로 에너지 소비는 생명을 유지하기 위해 우리 눈으로는 보이지 않는 곳에서도 쉼 없이 일어난다. 예를 들면 호흡, 심장박동, 여러 장기의 움직임, 체온 유지, 심리적 두뇌활동 등을 들 수 있다. 기초대사량은 생명체가 아무것도 하지 않고 그냥 누워만 있어도 소비되는 최소한의 에너지양을 말한다. 사람마다 기초대사량은 차이가 있으며 보통 성인 남성은 한 시간당 몸무게 1kg에 1kcal, 성인 여성은 0.9kcal를 소비한다고 알려져 있고, 체질과 근육의 양 등 특성에 따라 다르다. 기초대사량이 높을수록 에너지 소비가 잘 이루어지게 되어 매우 효과적인 다이어트를 기대할 수 있다.

● 고혈압과 고지혈증

우리나라에서는 성인의 정상혈압을 수축기의 경우 120mmHg 미만, 이완기에는 80mmHg 미만으로 본다. 이 수치가 넘어가게 되면 고혈압 전단계로 보고, 수축기 140mmHg 이상, 이완기 90mmHg 이상이 되면 고혈압 판정이 내려진다.

고혈압 판정을 받았다고 해서 당장 큰일이 나는 것은 아니지만 고혈압이 무서운 이유는 높은 압력으로 인해 혈관 벽이 계속 압박을 받게 되면 혈관이 빨리 망가지게 되고 노화가 진행된다. 이로 인해 뇌경색, 뇌출혈 같은 뇌혈관 질환과 심근경색, 심부전 같은 심장 질환으로 이어져 갑작스럽게 사망할 수 있다. 흔히 고혈압을 '침묵의 살인자'라 부르는 이유는 오

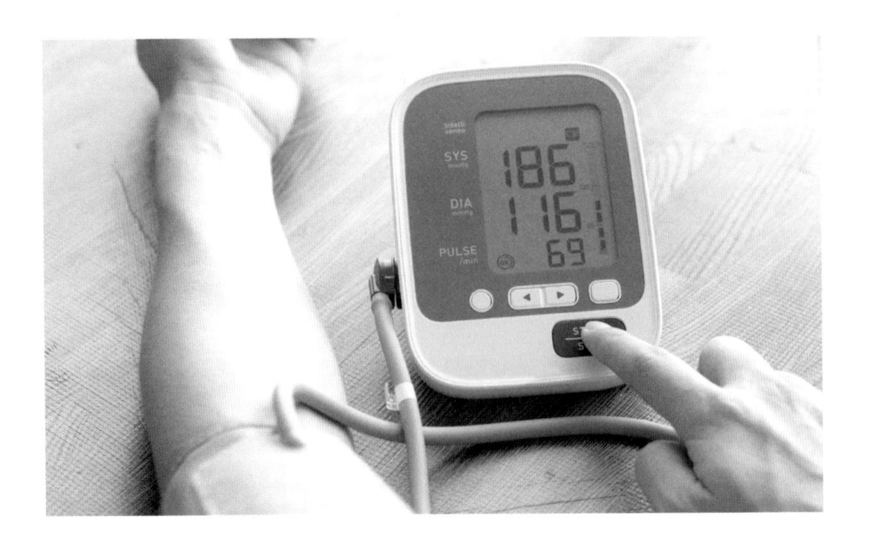

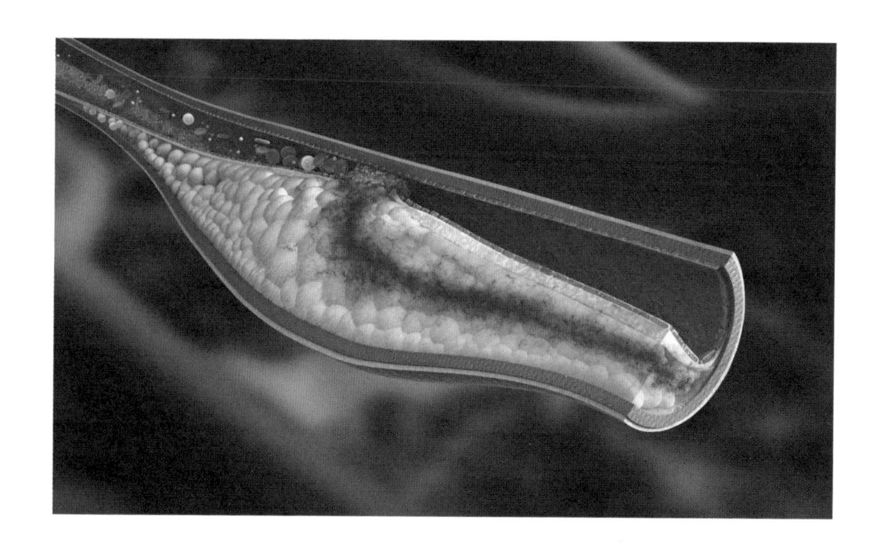

랫동안 천천히 진행되기 때문에 평소에는 특별한 증상이 없어 위험성을 잘 모르고 지내다 심각한 상태가 되어서야 알게 되기 때문이다.

고지혈증은 혈액 속에 지방의 함량이 높아져 혈액을 탁하고 걸쭉하게 만들어 혈액순환이 원활히 이루어지지 않게 하며 혈관 벽에 지방이 쌓여 동맥경화를 유발하게 된다. 이 동맥경화로 인해 혈관은 좁아지게 되고, 좁아진 혈관을 혈액이 지나가게 될 경우 높은 압력이 발생하게 되어 결국에는 고혈압을 일으키게 된다.

고혈압의 예방과 치료의 가장 효과적인 방법으로는 첫째, 고지혈증을 개선하여 혈액이 맑아져야 한다. 혈액이 맑아지면 혈액의 흐름이 원활해져 혈압 수치가 정상으로 돌아오게 되고 혈관 또한 건강해진다.

둘째, 소금 섭취량의 조절이다. 소금은 그 섭취량에 따라 혈압이 변하는 '염분 민감성' 현상이 나타난다. 고혈압 환자가 소금을 적게 먹는다고 해서 바로 병이 낫는 것은 아니지만 장기적인 관리가 필요한 질병이므로 평소 소금을 줄여서 섭취하면 그만큼 위험도를 낮추는데 효과를 볼 수 있다.

마지막으로 기름진 음식과 지방이 많은 육류를 즐기는 사람에게는 오메가-3 함량이 풍부한 고등어, 꽁치 같은 '등 푸른 생선'을 권한다. 이들 생선은 값싸고 영양이 풍부한 것 외에도 포화지방을 녹여 몸 밖으로 배출해 주는 역할을 한다. 또한 생강의 진저롤 성분은 체내 지질 저하 효과가 있어 중성지방의 농도를 낮추고 고지혈증을 예방하는데 도움을 준다. 생강을 단독으로 먹어도 좋고, 오메가-3가 함유된 생선 요리를 할 때 생강을 함께 활용하면 혈압을 안정시키고 혈액순환을 원활하게 할 수 있다.

4 뛰어난 항암, 항염증, 항균식품이다

요즘은 정기적으로 건강검진을 받는 사람들이 많이 늘어나고, 의술 또한 발전하여 암 같은 심각한 병들을 초기에 발견하고 치료하여 건강을 되찾는 경우가 많다. 이제는 과거처럼 암에 걸렸다고 하면 죽음으로 인식하

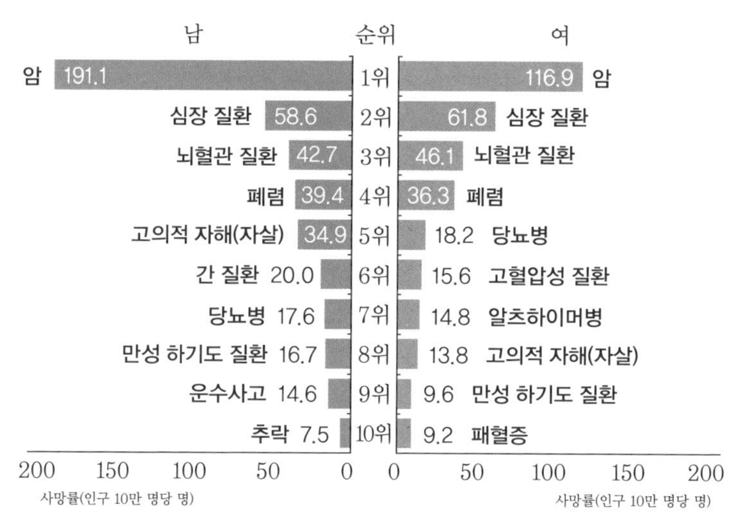

▲ 성별 사망 원인 순위(2017, 통계청)

는 시대가 아니지만 아직도 암은 두렵고 피하고 싶은 가장 대표적인 질병 중 하나이다.

현재 암을 예방해주는 백신으로는 자궁경부암 백신이 개발되어 그 혜택을 받고 있지만 아직도 많은 분야에서 극복해야 할 과제가 많다. 통계청에서 발표한 한국인의 사망 원인 1위는 남녀 모두 암에 걸려 사망한 경우가 가장 많은 것으로 집계되었다.

암은 종양으로 신체 조직에서 비정상적으로 자라난 덩어리를 말한다. 이 종양은 양성과 악성으로 나뉘게 되는데 양성종양은 성장 속도가 비교적 느리고 전이가 잘 되지 않으나 악성종양은 주변 조직을 침범하여 매우

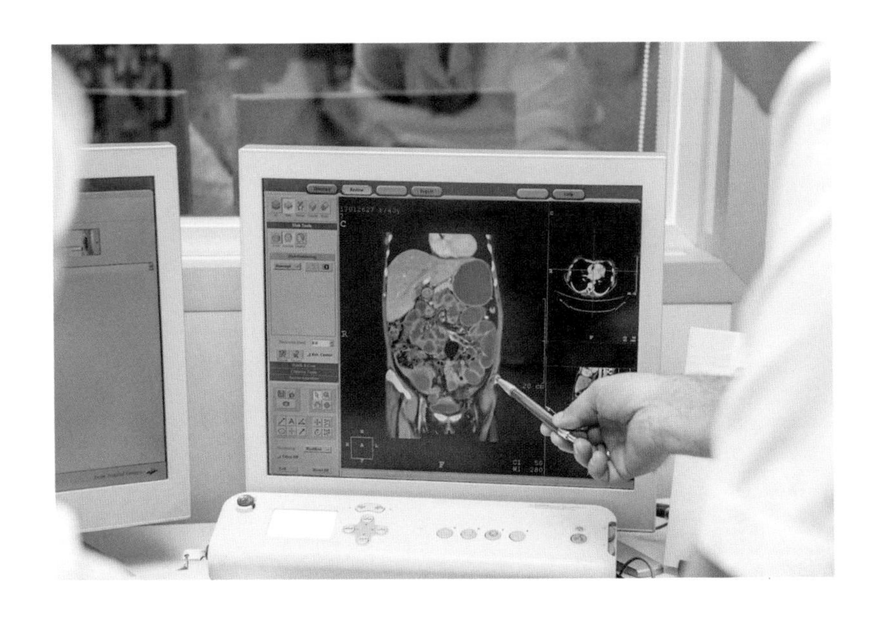

빠르게 성장하고, 신체의 각 부위에 전이되어 생명을 위협한다.

우리 몸을 구성하고 있는 세포는 스스로 분열, 성장, 사멸하는 과정을 거친다. 하지만 여러 가지 원인들에 의해 세포 자체의 조절 기능에 이상이 생기면 사멸해야 할 비정상적인 세포들이 너무 많이 생겨나고 증식하여 주위의 조직 및 장기에 침입해 종양 덩어리를 만들게 된다.

서양 의학에서 암을 치료하는 일은 암세포를 없애는 외과적 수술이 가장 일반적이다. 그러나 재발과 전이를 일으키는 경우가 많아 암을 완벽하게 제거하고 치료하는 일이 쉽지는 않다. 전통 한의학에서는 '백 가지 병이 어혈에서 생겨난다'고 하여 곧, 어혈이 우리 몸속에서 덩어리지어 암이 된다고 하였다. 이는 어혈을 다스리는 것이 근본적인 치료법이라는 의미이다.

암에 걸렸어도 당뇨병, 고혈압과 같이 만성질환의 개념으로 접근하여 꾸준히 치료하고 일생동안 관리하면서 극복하는 사람들도 있다. 하지만 무엇보다 중요한 것은 암이 발병하기 전에 철저한 건강 관리와 항암에 좋은 음식물 섭취 등으로 예방하는 것이다.

생강은 활성산소에 의한 유전자 손상을 막아주어 암 예방에 도움을 주고 염증을 없애준다. 미국의 암 전문지인 《Cancer research》에 의하면 생강에서 추출한 기름이 암을 예방해주는 효과가 있다고 발표한 바 있다. 또한 미국의 미시간대 의과대학에서 발표한 연구에 따르면 건강한 성인들을 대상으로 생강을 매일 2g씩 4주간에 걸쳐 섭취시킨 결과 장내 염증이 줄어든 것으로 보고되었다. 연구팀은 특히 중국, 인도, 일본 사람들은 매일 음식을 통해 2g 정도의 생강을 섭취하는데, 대장암의 발병률이 서양에 비해 낮은 것으로 보아 장내 조직의 만성 염증이 대장암과 밀접한 관련이 있다고 설명하였다. 이외에도 미국의 조지아 주립대학 연구팀은 생강 추출물이 전립선 암세포의 괴사를 유도하고 증식을 억제하는 효과가 매우 크다고 발표하였다.

뿐만 아니라 미국의 마이애미 대학의 실험에 의하면 하루에 2회씩 6주간에 걸쳐 생강을 복용시킨 성인 환자의 70% 정도가 관절의 통증이 완화되었다는 보고가 있다. 생강의 항염증 작용이 중년기 이후의 대다수 사람들이 겪게 되는 관절염에도 도움이 된다는 연구 결과라 주목된다.

⑤ 위장의 기능을 개선해 주는 천연의 소화제이다

수많은 한국인들은 위장 질환을 흔한 감기처럼 달고 산다. '빨리빨리'로 대변되는 한국인의 생활 습관은 인생의 즐거움 중에 가장 으뜸인 음식을 먹을 때와 관련된 식습관에서도 고스란히 나타난다.

▲ 고기 요리에 생강을 곁들여 먹어 소화를 돕는다.

여러 가지 화합물로 이루어진 음식물은 입 속에서 적당한 크기로 잘라져 위로 전달된다. 위는 입을 통해 넘어온 거친 음식물들을 소화시키는 일을 담당한다. 급하게 먹는 습관은 제대로 씹지도 않고 위장으로 음식을 보내기 일쑤일 것이고 그에 따라 위장은 부담을 느끼기 시작한다. 이는 소화불량으로 이어져 만성 위장 질환의 원인이 된다. 그래서 음식은 입 안에서 삼십 번 이상 백 번씩 씹어 삼키라고 한다. 아마도 음식물을 오래 씹어 삼키는 것이 위장 건강을 근본적이고도 효과적으로 지키는 가장 쉬운 방법이 될 것이다. 이외에도 자극적인 음식과 과음, 과식, 스트레스, 불규칙한 식습관 등은 위장 질환의 원인이 된다.

위에 열이 많이 차서 소화가 되지 않고, 구토 증상이 있을 때와 임신 초기의 입덧이나 멀미를 할 경우에 생강을 복용하면 이러한 증상을 완화시키는데 도움이 된다. 생강에는 디아스타제(diastase)라고 하는 단백질 분해효소가 많아 고기를 먹고 나서 생강을 복용하면 소화를 촉진시켜 준다. 또한 진저롤이라는 생강의 매운맛 성분은 위액을 촉진시켜 주고, 장의 연동 운동을 도와 소화불량을 예방해주는 등 훌륭한 천연의 소화제 역할을 해준다.

⑥ 구취 해결에 효과가 좋다

대부분의 질병은 일차적으로 본인 스스로가 아프고 힘들겠지만, 구취는 자신도 모르게 남을 괴롭히는 민폐를 끼치기도 한다. 가족이 아니면 매우 가까운 사이라도 구취에 대한 조언을 해주기가 쉽지는 않다. 이는 사회생활의 어려움으로 이어질 수도 있으므로 구취에 대한 관리가 필요하다.

구취는 입 안의 각종 세균들이 단백질을 분해할 때 생기는 휘발성 황화합물에 의해 발생한다. 보통 아침에 잠에서 깨면 대부분의 사람들에게는 입 냄새가 난다. 이는 취침 중에 침의 분비가 줄어들고, 이때 입 안에서는 세균이 큰 폭으로 증가하며 구취를 일으키게 된다. 이러한 현상은 대부분 양치질로 간단히 해결되지만, 충치나 입 속의 질환, 위장 질환 등에 의해 나는 입 냄새는 쉽게 해결되지 않는다. 그러므로 원인을 잘 파악하여 치료를 하는 것이 매우 중요하다.

생강은 구취 해결에도 도움을 준다. 독일 뮌헨 공대의 토마스 호프만 교수는 생강의 매운맛 성분인 6-진저롤(6-gingerol)이 유황 함유 성분을 분해시키는 효소를 증가시켜 구취를 해결해 준다는 연구 결과를 발표

했다. 이는 황화합물에 의한 구취를 줄이는데 효과가 있어, 입 냄새로 인해 고통 받는 사람들에게 생강이 좋은 해결책이 될 것이다.

7 갱년기 우울증에 탁월한 효과를 발휘한다

여자는 아내와 엄마가 되는 순간부터 삶이 다 하는 날까지 가족들을 위해 헌신하는 것이 미덕이라고 여겨져 왔다. 과거에 비해 여성의 사회적 지위가 높아진 현대 사회에서도 '엄마'라는 단어는 왠지 희생을 떠올리게 한다. 엄마는 임신과 출산의 고통 그리고 양육의 과정을 거치는 동안 젊고 아름다웠던 여인에서 어느덧 갱년기라는 시간과 마주하게 된다. 갱년기 증상은 이제 더 이상 희생하지 말고, 건강하게 쉬어 가라는 몸의 신호이기도 하다.

여성이라면 누구나 한 달에 한 번 찾아오던 월경 현상이 슬슬 나이가 들면서 불안정해지다가 어느 순간 멈추게 되었을 때, 심리적으로 당황하고 우울해지게 된다. 더 이상은 여자가 아니라는 심리적 상실감과 몸에 나타나는 크고 작은 변화를 겪게 되는데 이것이 바로 갱년기인 것이다.

갱년기는 난소의 노화 현상으로 배란이 정지되어 여성의 생식 기능이 없어지는 월경 폐지의 시기를 말한다. 보통 폐경기라고도 하며, 여성이 성

숙기에서 노년기로 넘어가는 시기이다. 이때부터 더 이상 여성 호르몬이 만들어지지 않는다. 한 달에 한 번 조금은 귀찮고 예민해지던 수십 년 간의 월경이 멈추게 된다. 여성 호르몬 결핍으로 인해 갱년기의 여성은 갑작스럽게 얼굴이 붉게 달아오르는 안면홍조를 경험하거나 피로감, 불안감을 겪게 된다. 뼈를 형성하는 세포의 자극과 관련된 에스트로겐의 분비가 부족해져 골다공증이 동반되기도 한다. 온 몸에 열이 치솟는 느낌과 함께 쉽게 잠들지 못하는 수면장애를 겪기도 하고, 기억력 감소와 함께 우울증에 빠지기도 한다. 과거에는 우울증이 병으로 인식되지 않았지만, 요즘 사람들에게 우울증은 '마음의 감기'라 하여 매우 주목받는 질병이 되었다. 우울증의 원인은 여러 가지가 있지만, 갱년기에 발생하는 우울증은 신체의 노화가 더해져 혼자 힘으로 극복하기가 벅차다.

생강은 자율신경을 안정시켜 우울증에 도움을 준다. 생강은 영어로 'ginger'라 하여 생기, 활력의 뜻을 함께 지니고 있다. 갱년기를 지나며 우울증을 겪고 있다면 생강을 섭취해 보라. 생강차 한 잔으로 우울한 기분이 완화되고 생기 있는 하루를 선사할 것이다.

⑧ 기의 흐름을 원활하게 하여 수족냉증을 개선해 준다

수족냉증은 말 그대로 생활이 불편할 정도로 손발이 차갑고 시린 증상을 말한다. 생리통이나 생리불순을 동반한 여성에게 수족냉증이 흔히 나타나게 되는데, 이는 여성 호르몬의 변화가 주요인이 되어서 혈액순환이 제대로 이루어지지 않아 신체의 말단 부위인 손과 발의 체온이 떨어져 발생한다. 증상으로는 두통과 소화불량, 관절통, 피로, 부종과 현기증, 불면증 등이 동반될 수 있다.

수족냉증을 개선하기 위해서는 규칙적이고 꾸준한 운동을 하고 반신욕, 족욕 등을 통해 혈액순환이 잘 되도록 하는 것이 좋다. 그리고 모자, 장갑, 양말, 내복 등의 착용으로 몸을 따뜻하게 만들어 체온을 높여주고 찬 성질

의 돼지고기와 커피, 탄산음료를 먹는 것은 자제한다.

한의학에서는 침, 뜸, 한약 등으로 수족냉증을 치료하며, 특히 수족냉증이 복부의 냉증과 같이 오는 경우가 많아 복부의 뜸 치료를 병행하기도 한다. 또한 한의학에 있어서 피의 흐름 이외에도 기의 흐름을 매우 중요시 여기는데, 기는 눈에 보이지는 않지만 우리 몸을 순환하며 온몸의 움직임을 원활하게 해주는 작용을 한다.

생강은 정체되어 있는 기와 혈이 말초혈관 끝까지 전달되도록 도와주는 역할을 한다. 생강의 매운맛 성분이 말초신경에서 활성물질을 방출하고 다른 약물의 흡수를 촉진하므로 한의학에서는 기와 혈의 순환을 잘 되게 할 필요가 있을 때에 생강을 쓴다. 생강은 체온 상승에 효과적이며, 독특한 약리 작용 때문에 한방에서 각종 처방에 들어갈 정도로 중요한 약재로 쓰인다. 그밖에 생강은 여성 호르몬 대사를 원활히 해주므로 생리불순 개선과 생리 전 증후군에도 효과가 좋다.

9 알레르기를 개선해 준다

특정한 환경이나 원인에 의해 나타나는 과민 반응을 알레르기(Allergy)라고 하며 꽃가루, 약물, 세균, 음식물, 애완동물의 털 등에 의해서 발생한다. 그밖에 염색약이나 각종 화학물질에 의해 나타나기도 한다. 이런 원인 물질들은 보통의 사람에게는 크게 해롭지 않으나 일부 사람들에게는 아토피 피부염, 알레르기성 비염, 기관지 천식, 두드러기, 습진 등의 증상을 가져온다.

알레르기는 유전적인 요인과 함께 환경적인 요인으로 발생하며, 담배 연기나 황사 또는 미세먼지로 인한 대기오염이 알레르기를 더욱 악화시킨다. 감기 증상이 있거나 날이 추울 때 알레르기가 심해지는 이유는 체온이 떨어져 면역력이 약해지기 때문이다. 체온이 1℃만 떨어져도 면역 기능이 약화되어 알레르기 증상이 발생하기 쉽다. 체온을 올릴 수 있는 가장 쉽고

빠른 방법은 생강을 먹는 것이다. 생강은 몸을 따뜻하게 해주는 효과가 매우 크므로 이는 알레르기 질환에 도움이 된다.

물론 알레르기를 예방하는 최선의 방법은 원인물질과 접촉하는 것을 최대한 피하는 것이지만, 생강을 섭취하여 몸속 온도를 높이고 체질을 개선시키는 것만으로도 알레르기 증상을 줄일 수 있다.

⑩ 음식의 맛과 향을 증가시켜 준다

생강은 약용으로 쓰이면서도 세계 여러 나라에서 음식으로서 폭넓게 사용되어 왔다. 생강의 강한 맛과 향은 음식이 쉽게 상하지 않도록 하는 방부제의 역할도 해준다. 서양에서는 크리스마스 시즌에 밀가루에 버터와 생강을 넣어 사람 모양으로 만들어 구운 '생강쿠키'로 트리를 장식하는데, 이때 생강은 버터의 산화를 막아주는 역할을 한다. 전통적인 우리나라의 요리는 기름에 튀긴 조리법이 많지 않았지만, 한과는 기름에 튀겨 만든다. 특히 한과를 반죽할 때 생강즙을 넣으면 맛과 향뿐만 아니라, 시간이 지나도 한과에서 기름의 산패 냄새가 나는 것을 막아준다.

▲ 생강쿠키로 장식한 크리스마스트리

▲ 생강즙을 넣어 만든 한과

국내의 한 연구 논문에 의하면 생강을 튀김용 기름에 섞어 사용하면 기름의 산패를 지연시켜주는 역할을 한다고 한다. 산패된 기름은 음식의 맛을 해칠 뿐 아니라 발암 물질 중 하나로 건강에도 해롭다.

이웃나라 일본에서는 날생선을 먹을 때 생강을 곁들여 먹는다. 또한 돼지고기를 많이 먹기로 유명한 중국에서는 육류 요리에 생강을 넣어 음식의 맛과 향을 풍요롭게 하고, 고기의 누린내를 잡는데 쓴다. 특히 생강 속에는 단백질 분해 효소가 들어 있어 고기를 잴 때 사용하면 육질을 부드럽게 해주는 효과가 있다. 그리고 우리나라에서는 김치를 담글 때 양념으로 넣어서 잡균의 번식을 억제하고 젓갈의 비린 맛을 감소시켜 김치 맛을 살린다.

생강의 원산지 인도의 전통 의학인 아유르베다는
생강을 신이 내린 만병통치약으로 표현하였다.

4

진저롤과 쇼가올은 어떤 기능을 하는가?

생강의 매운맛인 진저롤과 쇼가올의 기능

생강은 영어로 '진저(Ginger)'이고, 일본어로는 '쇼가(しょうが)'이다. 생강의 매운맛을 내는 특수한 성분인 '진저롤'과 '쇼가올'이라는 명칭은 그 어원이 모두 생강에 있다는 것을 쉽게 알 수 있다.

진저롤과 쇼가올은 티푸스균과 콜레라균 같은 병원성 미생물에 대해 일부 살균 작용을 하는 천연의 항균제이다. 생강의 추출물은 대장균의 생육 작용을 억제하는 데 뚜렷한 영향을 미치는 것으로 보고된다. 흔히 생선회를 먹을 때 초생강을 곁들여 먹는 까닭은 입 안에 남는 생선의 비린내를 없애기 위한 것일 수도 있지만, 식중독에 대한 예방 차원이라는 것을 다시금 생각하게 한다.

진저롤과 쇼가올이 우리 몸에서 하는 역할 중 가장 중요한 기능은 체온을 높여주는 것이다. 언뜻 보면 이 두 가지의 성분이 같은 일을 하는 것 같지만 우리 몸속에서 체온을 높이는 방법에는 차이가 있다. 진저롤은 혈액순환을 촉진시켜 몸을 따뜻하게 해주는 것이고, 쇼가올은 몸속의 당질과 지방을 연소시켜 체온을 올려주는 역할을 한다.

날생강 속에는 진저롤이 많이 함유되어 있지만, 쇼가올과 진저론은 거의 존재하지 않는다. 다만 이 두 가지 성분은 생강을 가열했을 때 생기는 것으로 가열 온도가 높아질수록 진저론과 쇼가올은 빠르게 생성된다. 생강은 진저롤 성분 자체만으로도 훌륭하지만 가열하여 찌는 과정을 거치면

서 효능이 더 좋아진다.

진저롤(gingerol)은 대부분 노란색의 오일 형태로 존재하지만 잘 용해되지 않는 결정형의 고체 형태로 존재하기도 한다. 진저롤은 체내 지질 함량을 저하시키고, 항균 작용과 DNA 손상 억제 등에 도움을 준다. 그리고 편두통과 혈액순환 등에도 효과적이다.

미국의 미네소타 대학교 연구진의 쥐를 통한 실험 결과에서 보면 생강의 주성분인 진저롤이 암의 성장 속도를 늦추는 것으로 확인되었다. 아울러 이 성분을 토대로 항암제 개발 계획을 가지고 있다고 하였다. 진저롤 중에서도 6-진저롤은 항염증, 진통제, 항혈전, 항암, 항산화에 뛰어난 효과가 있으며, 특히 대장암과 유방암 등에 잘 적용되어 항암 효과가 우수하게 나타났다. 그러나 너무 고열로 가열하면 효과를 볼 수 없을 수도 있다. 실제 생강을 121℃에서 10분간 가열해보니 항산화 활성도가 감소하였다.

생강에 열을 가하면 진저롤이 진저론(zingerone)으로 바뀐다. 이때 자극적인 향이 나면서 매운맛이 줄어들고 달콤해진다. 흔히 생선의 비린내를 없애려고 생강을 첨가하여 가열하는데 이것은 진저론에 의한 작용 때문이다. 진저론은 향기만을 장점으로 가지고 있는 것이 아니라, 몸속의 콜레스테롤을 배출시키는 역할을 한다. 좋지 않은 콜레스테롤이 배출되면 고지혈증을 비롯하여 여러 가지 혈관 질환을 예방할 수 있다.

쇼가올(shogaol)은 진저롤의 탈수반응으로 생성되는 물질로 항산화 효과가 뛰어나다. 그 원인은 체내의 활성산소를 줄여주는 성분이 강해 유전자 손상이 일어나지 않기 때문이다. 또한 강력한 항염증 효과를 가지고 있어 열을 내려주고 통증을 멎게 해주기도 한다. 이외에도 중추신경계를 진정시키며, 위 점막을 자극하여 위액 분비를 촉진시키고, 소화 작용을 도와 구토를 억제한다. 특히 쇼가올은 진저롤보다 진통이나 관절염에 효과가 좋으며 6-쇼가올은 6-진저롤보다 항염증, 항산화, 암 예방을 하는데 효과가 더 크다는 연구가 보고되고 있다.

매운맛을 내는 성분들

외국 사람들에게 한국 음식의 대표적인 이미지로 굳어 있는 매운맛은 주로 고추 속에 함유된 '캡사이신'이다. 앞에서 소개한 생강의 매운맛은 진저롤과 쇼가올이라고 하는 성분이지만 매운맛에 익숙한 우리는 이외에도 다양한 매운맛을 알고 있다. 고추에서 나는 매운맛처럼 오랜 시간 동안 입안과 혀를 자극하는 매운맛이 있는가 하면 겨자처럼 먹는 순간 톡 쏘는 느낌으로 코가 찡 하고 눈물이 핑 돌 정도의 매운맛도 있다. 매운맛이 이처럼 다른 느낌으로 자극하는 이유는 이 매운맛을 내는 성분이 각각 다르기 때문이다. 생강 외에 매운맛을 내는 다양한 성분들과 각각의 특징들을 알아보기로 하자.

캡사이신(capsaicin)

캡사이신은 고추의 매운맛 성분으로 혀를 자극하여 느껴지는 통각과 관련된 맛으로 매운 고추를 먹었을 때 입에서 오랫동안 느껴지는 맵고 아린 맛뿐 아니라 맨손으로 썰어 놓은 고추 또는 고춧가루를 만졌을 때 손에서 느껴지는 통증을 생각하면 이해가 쉽다. 캡사이신은 고추씨에 가장 많이 함유되어 있으며 식욕을 촉진하며 대사 작용을 활발하게 하고 체내 지방 연소에 도움을 준다. 최근 발표된 연구에는 진통 작용과 함께 항암 효과가 있는 것으로 알려져 있다. 하지만 한꺼번에 많은 양을 섭취하게 되면 위 점막에 자극을 주게 되어 통증을 유발하게 되므로 주의해서 섭취하는 것이 좋다.

알리신(allicin)

한국 음식에 많이 사용되는 양념 중의 하나인 마늘에서 나는 독특한 냄새와 더불어 매운맛을 내는 성분이 바로 알리신이다. 알리신은 알린(allin)이라고 하는 유기유황 성분이 마늘을 빻는 과정에서 세포가 파괴되어 알리나아제라는 효소의 작용에 의해 생성된다. 이 알리신은 살균, 항균 작용이 매우 강하고, 혈관을 넓혀 혈액순환이 잘 되도록 해준다. 췌장에서의 인슐린 분비를 촉진시키는 역할을 하여 당뇨병에 효과를 낼 뿐 아니라 암 예방에도 효과가 있는 것으로 밝혀졌다.

특히 알리신과 비타민 B1(thiamin)이 결합하면 알리티아민이 되어 백미를 먹는 한국인들에게 부족하기 쉬운 비타민 B1의 체내 흡수율을 높여주어 피로회복에 도움을 준다. 그러나 조리를 하면서 익히는 과정에서는 알리신이 파괴되므로 생으로 먹었을 때 효과를 기대할 수 있다.

시니그린(sinigrin) & 이소티오시안산 알릴(Allylisothiocyanate)

겨자에는 미로신과 시니그린이 함유되어 있는데 이 시니그린은 갓의 씨나 고추냉이의 뿌리에도 함유되어 있는 배당체로 미론산 칼륨이라고도 한다.

고추냉이를 강판에 갈면 미로시나아제(myrosinase)에 의해 고추냉이 속에 함유되어 있던 시니그린이 이소티오시안산 알릴(Allylisothiocyanate)로 변해 특유의 자극적인 톡 쏘는 매운맛을 낸다. 이 이소티오시안산 알릴 성분은 항균, 살균 효능이 뛰어나 대장균, 포도상구균, 살모넬라균, 장염비브리오균, O-157균 등의 식중독을 일으키는 원인균의 증식을 억제하는 효과가 탁월하

▲ 겨자씨와 겨자 소스 ▲ 고추냉이

다. 회나 초밥 등을 먹을 때 곁들여 올려 먹는 고추냉이는 탁월한 궁합이라고 하겠다. 이러한 항균 작용 이외에도 항산화 작용과 함께 혈관 속의 노폐물을 배출시켜 주고 탄력을 살리는 등 혈관 건강에 매우 유용한 물질이다.

캬비신(chavicine) & 피페린(piperine)

한때는 화폐로도 사용될 만큼 귀한 대접을 받았던 후추는 그 특유의 향기와 매운맛이 복합되어 새로운 음식 문화의 지평을 열었다고 평가받는다. 후추의 매운맛 성분은 캬비신으로 피페린의 기하이성질체이다.

피페린은 염증유발물질을 억제하며 항암작용, 암의 전이를 막아주는 역할을 한다. 또한 위액 분비를 촉진시켜 소화작용을 돕고 위를 건강하게 해주지만 너무 많이 섭취할 경우 위 점막을 자극하게 되므로 적당량을 섭취하도록 한다. 이외에도 혈당을 조절해서 당뇨병 및 합병증을 예방해준다.

5
생강의 효능을 높여주는 방법 - 쪄서 말린 생강 만들기

쪄서 말리는 과정을 거쳐 상승하는 생강의 효과

건강을 지키기 위해서는 정상 체온을 항상 유지하여야 하지만, 여러 가지 이유로 인해 체온이 36.5℃ 이하에 머물러 있는 사람들이 늘어나고 있다. 요즘 사람들의 체온이 낮아지게 된 이유를 한마디로 설명할 수는 없겠지만, 과도한 냉난방이나 균형 잡히지 않은 식사, 극심한 스트레스 등으로 인해 제대로 된 에너지 대사가 이루어지지 않기 때문이다.

정상 체온보다 1℃ 정도만 체온이 떨어져도 자율신경에 이상이 발생하게 되고 두통, 변비, 설사와 함께 알레르기 질환을 동반하게 된다. 또한 혈액순환 장애가 발생하며, 기초대사량이 12% 감소하게 된다. 이로 인해 체중이 늘게 되고, 암세포가 증식하기 쉬운 체질로 바뀌게 된다. 암세포는 저체온을 매우 좋아해 체온이 떨어질수록 활동이 활발해진다. 이와 반대로 체온을 1℃ 정도만 높이게 되면 기초대사량이 10~15%만큼 높아지므로 저체온으로 인한 여러 가지 질병을 예방할 수 있다.

앞서 얘기한 진저롤과 쇼가올은 모두 생강의 매운맛을 내는 특수한 성분으로 이 두 가지의 성분이 가지는 가장 큰 역할은 체온을 높여 몸을 따뜻하게 해주는 것이다.

체온이 높아지면 신진대사가 좋아져 혈액내 당 농도를 낮추어준다. 당뇨의 원인 중 하나가 신진대사의 저하인데, 진저롤과 쇼가올은 신진대사를 촉진시키는데 매우 효과적이다.

진저롤과 쇼가올의 차이점으로 진저롤은 일반 날생강에 함유된 매운맛 성분이지만, 쇼가올은 날생강에는 함유되어 있지 않다. 오로지 날생강을

▲ 건강(乾薑)

가열했을 때만 생성되는 특징이 있으므로 다시 말해, 쇼가올은 날생강에 열처리를 하여야만 얻을 수 있다.

한방에서는 생강을 찌지 않고 말린 것을 '건생강(乾生薑)'이라 하고, 쪄서 말린 생강을 '건강(乾薑)'이라 부르는데 2,000년 전부터 귀한 약재로 쓰여 왔다. 그냥 말린 건생강과 쪄서 말린 생강 둘 다 우리 몸에 좋은 역할을 하지만, 한 번 쪄낸 후에 말린 생강에는 특별한 성분인 쇼가올이 생긴다. 체력이 약하고 냉한 체질의 사람에게 쪄서 말린 생강을 처방하면 쉽게 체온을 높여주고 기력 회복에도 큰 도움을 준다.

아무리 몸에 좋은 약재나 음식이 있다 하더라도 만드는 과정이 복잡하거나, 보관이 어려우면 꾸준히 먹을 수 없다. 쪄서 말린 생강을 만들어서 활용할 때의 좋은 점과 가정에서 간편하게 만드는 방법을 여기에 소개해 보고자 한다.

쪄서 말린 생강은 이래서 더 좋다

1 쇼가올의 함량이 날생강에 비해 10배는 많아진다.

쪄서 말린 생강을 활용해 생강의 약효를 극대화할 수 있는 방법이 바로 건강(乾薑) 요법이다. 날생강 그대로 섭취해도 유익한 성분이 많은데, 번

거롭게 생강을 쪄서 건조시켜 사용하는 이유는 쇼가올 함량이 10배나 늘어나기 때문이다.

앞서도 얘기했지만 생강을 별다른 과정 없이 그대로 먹거나, 찌지 않고 건조만 시켜 사용한다면 쇼가올의 효과를 기대하기 어렵다. 쇼가올의 함량을 높이려면 굽거나 삶는 방법보다는 찌는 방법으로 가열을 한 후 건조시키는 것이 생강의 좋은 성분을 가장 안전하게 지키는 방법이다.

2 활용하기 편리하다.

얇게 슬라이스 하여 쪄서 말리는 과정을 거친 생강은 뜨거운 물만 부어 생강차로 우려서 바로 마실 수 있다. 또한 쪄서 말린 생강을 분쇄기에 곱

게 갈아 가루로 만들어 두면 거의 모든 음식에 활용이 가능해진다. 차를 마실 때나 음식에 뿌려 먹어도 되고, 양념으로 활용해도 훌륭하다. 이처럼 가루는 활용하기에 편리하고 보관하기도 좋다. 물론 마트에 가서 생강가루를 쉽게 구입할 수도 있지만 생강을 쪄서 말린 가루인지 확인해야 한다. 신선하고 좋은 생강을 깨끗이 손질하여 모든 음식에 활용할 수 있는 쪄서 말린 생강가루를 만들어 써 보자.

3 유통 기한이 길어진다.

날생강에는 수분이 많다. 이렇게 수분이 많다는 것은 변질되기 쉽다는 뜻이고, 미생물이 번식하기 좋은 환경이 된다. 다시 말해 생강뿐 아니라 우리가 먹는 여러 가지 식재료는 자체에 함유된 수분으로 인해 미생물의 번식이 활발해진다. 따라서 수분을 제거해 주면 미생물이 서식할 수 없는 환경이 만들어지는 셈이다.

냉장이나 냉동시설이 없던 시절에는 이런 건조법을 써서 식품을 변질 없이 보관하는데 활용하였다. 생강 또한 이렇게 쪄서 말리는 방법을 쓴다면 좀 더 오랜 기간을 효과적으로 보관할 수 있을 것이다. 쪄서 말린 생강을 보관할 때는 반드시 물기가 없는 밀폐용기에 담아 두거나, 실리카겔과 같은 건조제와 함께 보관하면 더욱 좋다.

4 보관이 편리하다.

날생강 1kg을 쪄서 말리면 무게가 100g으로 줄어든다. 1/10 정도로 줄게 되는 셈이다. 수분과 함께 원래의 부피를 가지고 있던 날생강이 건조를 통해 수분의 양이 줄어들게 되면 자연스레 부피 또한 작아져서, 보관할 때 자리를 많이 차지하지 않게 된다. 뿐만 아니라 굳이 냉장보관을 하지 않아도 변질이 되지 않아 실온에서도 보관이 가능해진다. 물론 햇볕이 들지 않는 서늘한 곳에 보관할수록 유통 기한은 길어지지만 보

▲ 밀폐용기에 담아 실온에 보관하기

관 기간이 3개월을 넘기게 되면 약효가 줄어들게 된다. 따라서 최대 3개월 이내에 먹을 수 있을 양만큼만 만들어 놓는 것이 좋다.

5 휴대가 간편하다.

생강을 쪄서 말리는 방식으로 준비해야 하는 다섯 번째 이유는 몸에 좋은 생강을 언제 어디서나 손쉽게 먹을 수 있는 가장 간편한 방법이기 때문이다. 바쁘게 살아가는 현대인들이 생강을 신경 써서 섭취하기 위해 매일같이 출근이나 외출할 때 날생강이나 생강 요리를 도시락에 담아 가지고 다니기는 부피도 크고 번거롭다. 하지만 이때 쪄서 바싹 말린 생강을 분쇄기에 곱게 갈아 가루의 형태로 작은 밀폐용기에 담아 둔다면 외출할 때 아주 편리하다.

쪄서 말린 생강을 쉽게 만드는 세 가지 방법

100g의 쪄서 말린 생강을 얻으려면 1kg 정도의 날생강을 준비한다. 그리고 방금 출하된 햇생강보다는 묵은 생강의 약효가 더 좋다. 생강은 유통과정 중에 표면이 벗겨져 상하는 경우가 많은데, 수분 및 섬유질이 많은 생강의 특성상 한 번 곰팡이가 피면 독성물질이 쉽게 퍼지므로 겉에 조금만 곰

▲ 찜기

▲ 식품 건조기

팡이가 보여도 버리는 것이 낫다. 특히 상한 생강은 독성이 강해 암을 유발할 수 있으므로 썩지 않도록 보관에 주의하고 상한 부위가 보인다면 먹지 말아야 한다.

이 장에서는 쪄서 말린 생강을 만들 수 있는 아주 쉬운 방법 세 가지를 자세히 소개하고자 한다. 생강의 유효성분은 높은 온도에서 쉽게 파괴되는 성질이 있다. 그렇기 때문에 쪄서 말린 생강을 만들 때 고열로 가열하게 되면 유효성분이 파괴되어 생강의 효능을 높일 수 없다. 전자레인지로 건조시키는 방법은 유효성분이 파괴되거나 쉽게 탈 수 있어 권장하지 않는다. 가장 좋은 방법은 수증기의 잠열을 이용하여 찌는 것인데 비교적 생강의 약효가 잘 유지된다. 그러나 찌고 말리는 과정이 번거로울 수 있으므로 식품 건조기나 오븐의 온도를 70~80℃로 세팅하여 사용하면 편리하다.

1 찜기를 사용해서 쪄서 말린 생강 만들기

재료 및 기구

생강 1kg, 칼, 도마, 찜기, 실리콘 깔개 또는 찜기에 사용할 깔개, 채반, 분쇄기

만드는 법

1 우묵한 볼에 물을 담아놓고, 생강을 넣어 한 시간 정도 불린다.

2 생강의 겉흙이 부드럽게 불면 생강 표면을 박박 문질러가며 닦는다.

3 생강의 크기가 클 경우 손으로 적당하게 부러뜨려 사이사이에 있는 흙을 말끔히 닦는다.

4 흐르는 물로 생강에 붙은 흙을 깨끗이 씻는다.

5 군데군데 생강의 껍질이 지저분하거나 상처 난 부분을 칼로 도려낸다.

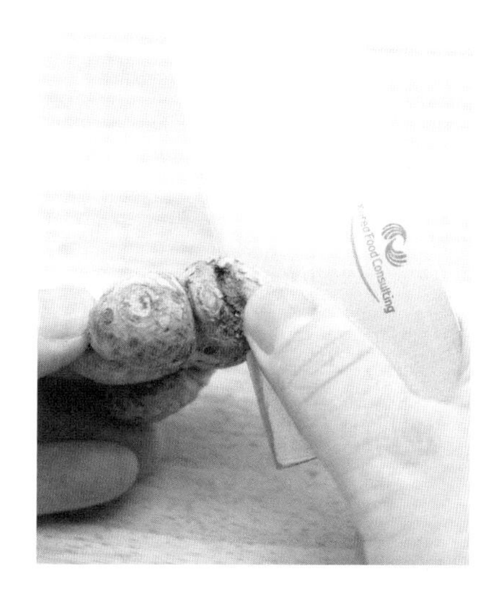

6 손질한 생강은 표면에 물기가 마르도록 잠시 채반에 담아 둔다.

7 이렇게 말린 생강은 섬유질 방향으로 1mm 두께로 얇고 일정하게 썬다. 생강의 방향을 섬유질과 반대 방향으로 썰면 매우 질겨 얇게 썰기가 어렵다.

8 찜기에 물을 받은 후 찜기용 깔개를 깔고 그 위에 준비한 생강을 겹치지 않도록 얹어 놓고 끓인다.

9 찜기에 김이 올라오면 뚜껑을 덮어 중불에서 30분간 찐다.

10 다 쪄진 생강을 채반에 널어 통풍이 잘되는 곳에서 단단해질 때까지 뒤집어가며 말린다. 이때 선풍기를 틀어 놓고 말리면 시간을 단축할 수 있다.

11 완전히 단단해진 생강을 분쇄기에 넣고 곱게 간다.

12 곱게 갈아진 생강가루를 물기 없는 밀폐용기에 담아 햇볕이 들지 않는 서늘한 곳에 보관한다.

2 식품 건조기를 사용하여 쪄서 말린 생강 만들기

재료 및 기구

생강 1kg, 칼, 도마, 식품 건조기, 분쇄기

만드는 법

1 생강을 씻고 손질하는 요령은 찜기를 사용해서 쪄서 말린 생강을 만드는 법 1~7번까지를 참고로 하여 준비한다.

2 식품 건조기 틀에 준비한 생강을 겹치지 않도록 펼쳐 놓는다.

3 건조기의 온도를 70℃로 세팅하여 건조를 시작한다.

4 생강이 말라 단단해지면 분쇄기에 넣고 곱게 간다.

5 곱게 갈아진 생강가루를 물기 없는 밀폐용기에 담아 햇볕이 들지 않는 서늘한 곳에 보관한다.

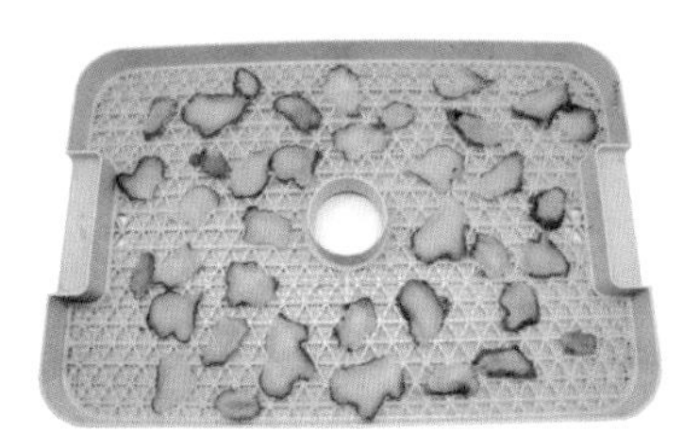

3 오븐을 사용하여 쪄서 말린 생강 만들기

재료 및 기구

생강 1kg, 칼, 도마, 조리용 전기오븐 또는 가스오븐, 유산지, 분쇄기

만드는 법

1 생강을 씻고 손질하는 요령은 찜기를 사용해서 쪄서 말린 생강을 만드는 법 1~7번까지를 참고로 하여 준비한다.

2 오븐틀에 유산지를 깔고 준비한 생강을 겹치지 않도록 펼쳐 놓는다.

3 오븐을 70~80℃로 예열한다.

4 예열이 끝난 오븐에 2의 생강을 넣고 한 시간 정도 말린다.

5 생강이 단단해질 정도로 완전히 건조되면 분쇄기에 넣고 곱게 간다.

6 곱게 갈아진 생강가루를 물기 없는 밀폐용기에 담아 햇볕이 들지 않는 서늘한 곳에 보관한다.

조선 시대에 임금에게는 생강차,
정승에게는 인삼차를 대접하였다고 하니
생강이 인삼보다 귀하게 대접받았음을 알 수 있다.

6

생강을 활용하여 만들 수 있는 다양한 음식들

생강 음식 레시피

앞에서 설명했듯이 쪄서 말린 생강을 가루로 만들어 두면 여러 가지 요리에 매우 편리하게 활용할 수 있다. 그러나 요즘 같이 바쁜 시대에 쪄서 말린 생강가루를 직접 만드는 것이 어렵고 번거롭게 느껴진다면 시판하는 생강가루를 활용하는 것도 하나의 방법이 될 수 있다.

이 장에서는 생강을 활용한 요리들을 소개하고자 한다. 생강은 특유의 향과 매운맛이 있어 음식의 풍미를 더하기 위한 소스나 양념으로 쓰이기도 하고, 각종 음료의 재료로 소화를 돕거나 몸을 따뜻하게 해주는데 활용되는 것이 일반적이다.

알싸한 향을 살린 차와 음료, 그리고 깊은 맛을 내는 각종 생강 음식들을 통해 진저롤과 쇼가올의 효능을 제대로 느껴 보자.

생강청

생강 1kg, 물 4컵, 올리고당(또는 꿀) 3컵, 황설탕 3컵

만드는 법

1 생강은 깨끗이 씻어 잘게 썬 후 분량의 물을 넣고 믹서에 곱게 간다.

2 곱게 간 생강은 면보에 감싸 즙을 짜 놓는다.

3 생강즙을 큰 냄비에 넣고 반 정도 분량이 될 때까지 졸인다.

4 여기에 올리고당(또는 꿀)과 황설탕을 넣고 시럽 상태의 농도가 될 때까지 졸인다.

5 생강청이 뜨거울 때 유리병에 채워 넣은 후 한 김 나간 다음 뚜껑을 덮어 밀봉한다.

TIP

★ 녹즙기 또는 착즙기가 있는 경우에는 물을 넣지 않고 생강을 그대로 짜서 즙을 내 사용한다. 그러면 생강을 직접 손으로 짜지 않아도 되고 졸이는 시간도 단축되어 더욱 편리하게 만들 수 있다.

★ 생강즙을 그릇에 담아 서너 시간 그대로 놔두면 그릇 바닥에 생강 녹말이 가라앉게 되는데, 위에 뜬 맑은 물만 사용하여 생강청을 만들면 더욱 맑은 맛의 생강청이 된다. 이때 가라앉은 녹말을 말려 가루로 만들어 두면 여러 가지 요리에 활용할 수 있다.

레몬생강청

레몬(중간 크기) 5개, 생강 300g, 흰 설탕 1kg, 식용 소다 1큰술, 식초 3큰술

만드는 법

1 우묵한 볼에 물 5컵을 넣고 식용 소다 1큰술을 풀고 레몬을 넣어 10분 정도 담가둔 후 다시 건져 깨끗이 헹궈 낸다.

2 물 2컵에 식초 3큰술을 넣고 생강을 10분 정도 담가둔 후 깨끗이 헹궈 물기를 말린다.

3 레몬을 세로로 반을 자른 후 반달 모양으로 얇게 (0.2cm 정도) 썰고, 포크 등을 사용하여 씨를 모두 제거한다. 레몬을 썰 때 양 끝부분은 잘라 제거해 준다.

4 생강은 얇게 저며 곱게 채를 썬다.

5 냄비에 물을 담고 유리 용기를 거꾸로 엎어 끓여 살균한 후 건져 물기를 말린다.

6 레몬과 생강을 한데 합한 후에 설탕을 넣고 잘 버무린 다음 유리병에 꼭꼭 채워 담는다.

7 맨 윗부분에는 병 입구까지 설탕을 1cm 두께 정도로 덮은 후 병뚜껑을 닫는다.

8 햇볕이 비치지 않는 서늘한 곳에 보관하여 숙성시킨 다음 4주 후부터 뜨거운 물에 타 먹는다.

생강술

생강 500g, 청주 1L

만드는 법

1 생강은 깨끗이 씻은 후 껍질을 벗기지 말고 지저분한 부분만 칼로 도려낸다.

2 위의 생강을 섬유질의 방향대로 1mm 두께로 얇게 저며 썬다.

3 썰어 놓은 생강을 찜기 바닥에 깔개를 깔고 펼쳐 놓은 후 김이 오른 찜기 안에서 30분 정도 쪄낸다.

4 다 쪄진 생강은 망 위에 널어 자연 건조시키거나 오븐에 넣어 80℃ 정도에서 1시간을 말린다. 식품 건조기를 이용해도 좋다.

5 생강이 단단해질 정도로 완전히 마르면 용기에 담고 청주를 부은 후 하룻밤 지나서부터 사용한다.

TIP

★ 고기의 누린내 또는 생선의 비린내를 없앨 때 보통 청주나 생강을 사용하는데 이렇게 쪄서 말린 생강에 청주를 부어놓게 되면 두 가지 양념을 한 번에 해결하게 되어 훨씬 편리하게 이용할 수 있다.

생강배수정과

재료

주재료　배 1개, 통후추 1작은술, 황설탕 1컵, 흰설탕 1/2컵, 잣 1작은술

수정과 국물　통계피 40g, 생강 50g, 물 10컵

만드는 법

1 통계피는 물에 살짝 헹궈 냄비에 담고 5컵의 물을 부어 중약불에서 20분간 끓인다.

2 깨끗이 씻은 생강을 껍질째 얇게 저민 후 냄비에 담고 5컵의 물을 부은 다음 중약불에서 20분간 끓인다.

3 위의 계피와 생강을 우려낸 국물을 면보자기에 받쳐 건더기는 버리고 국물을 합해 놓는다.

4 배는 껍질을 벗기고 밤톨 크기로 잘라 모서리를 다듬은 후 통후추를 군데군데 박아 넣는다. 꽃모양 틀을 사용하여 찍어낸 모양을 내도 좋다.

5 3의 수정과 국물에 모양을 내어 준비해 둔 배와 분량의 황설탕, 흰설탕을 넣고 약불에서 20분간 끓인다.

6 배가 투명해지면 그릇에 배와 국물을 같이 담아 잣을 띄워 낸다.

TIP

- 뜨거운 상태로 먹어도 좋으며 차게 식힌 후 시원하게 마시면 더욱 달콤한 맛을 느낄 수 있다.

생강홍차

생강 1뿌리(10g), 홍차 한 잔, 꿀이나 흑설탕

만드는 법

1 생강을 깨끗이 씻어 잘게 다지거나 강판에 갈아 즙을 낸다.

2 뜨거운 홍차 한 잔에 갈아 놓은 생강즙을 한 스푼 넣어 준다.

3 기호에 따라 꿀이나 흑설탕을 넣는다.

4 식사와 상관없이 매일 꾸준히 2-3잔씩 마셔 준다.

TIP
★ 미리 만들어 놓은 쪄서 말린 생강가루를 뜨거운 홍차에 타서 마시면 생강을 다지거나 즙을 내는 과정 없이도 더욱 편리하게 생강홍차를 만들 수 있다.
★ 생강홍차에 레몬을 한 조각 띄워 마시면 차에 레몬의 깊고 그윽한 향이 어우러져 분위기 있는 티타임을 가질 수 있다.

생강진피차

생강 20g, 물 1.5L, 진피 15g

만드는 법

1 재료를 준비하고, 생강을 흐르는 물에 깨끗하게 세척하여 이물질을 제거한다.

2 생강을 적당한 크기로 썬다.

3 물 1.5리터에 씻은 생강을 넣고 30분간 끓인다.

4 생강을 30분간 끓인 후 진피를 넣어 한소끔 더 끓인 다음 불을 끈다.

5 찻잔에 뜨거운 차를 따르고 생강채를 곁들여 낸다.

TIP

★ 귤껍질 말린 것을 진피라고 한다. 가정에서 귤껍질을 깨끗하게 씻은 후 채 썰어 말려 사용할 수 있고, 한약방에서도 쉽게 구할 수 있다.

생강대추차

생강 10개(200g), 대추 20개(200g), 설탕 200g, 물 200ml

만드는 법

1 생강을 깨끗이 세척하여 물기를 제거한 후 모양대로 얇게 썰어 준다.

2 세척한 대추의 물기를 제거하고 과육과 씨를 분리해 준다.

3 분리한 대추는 가늘게 채를 썰어 준다.

4 냄비에 대추와 물을 넣고 불을 조절하며 10분간 끓여주다 체에 걸러낸다.

5 걸러낸 국물은 100ml 정도 준비해 둔다.

6 소독한 밀폐용기에 생강, 대추, 설탕을 번갈아 담아 준다.

7 5의 국물을 붓고 하루 동안 실온에 두었다가 설탕이 녹으면 냉장고에서 3개월간 숙성시켜 준다. (냉장 보관하고 보관 중 설탕이 가라앉지 않도록 저어 준다.)

8 주전자에 물 2컵과 숙성된 생강대추차 3큰술을 넣고 끓여낸 뒤 중불에서 2~3분 정도 더 끓이면 진한 향과 맛을 느낄 수 있다.

진저에일

생강 1/2컵, 물 1.5컵, 아가베시럽 5컵, 탄산수 1/2컵

만드는 법

1 생강은 껍질을 벗겨 얇게 썰어 준다.

2 얇게 썬 생강 1/2컵에 아가베시럽과 분량의 물을 넣고 중불에서 20~30분간 끓여 준다.

3 생강이 잘 우러나면 걸러 냉장고에 넣어 식혀 준다.

4 차갑게 식힌 생강즙에 탄산수 1/2컵을 기울여 김이 빠지지 않도록 붓는다.

5 얼음을 담은 컵에 담아 준다.

생강 시즈닝

재료

천일염 1/2컵, 생강가루 1큰술, 마늘가루 1큰술, 양파가루 1큰술, 말린 로즈마리 1작은술, 말린 바질 1작은술, 말린 타임 1/2작은술, 파프리카가루 1작은술, 말린 파슬리가루 1작은술, 통후추 1/2작은술

만드는 법

1 냄비에 물을 담고 유리 용기를 거꾸로 엎어 끓여 살균한 후 건져 물기를 말린다.

2 천일염은 불순물 없이 깨끗한 것으로 준비하여 마른 팬에 회색빛이 돌 때까지 볶는다.

3 위의 볶아 놓은 천일염에 생강가루, 마늘가루, 양파가루, 로즈마리, 바질, 타임, 파프리카가루, 파슬리가루, 통후추를 섞은 후 믹서에 넣어 약간의 입자가 남을 때까지 간다.

4 1의 용기에 위의 생강 시즈닝을 가득 담고 뚜껑을 닫는다.

TIP

★ 시즈닝은 우리말로 바꾸면 천연조미료 또는 맛가루라는 표현이 적당할 것 같다. 넉넉하게 만들어 두면 스테이크 또는 고기를 잴 때나 조림 반찬의 양념 등으로 활용하기에 좋다.

생란

껍질 벗긴 생강 200g, 물 1.5컵, 설탕 100g, 소금 약간, 물엿 2큰술, 꿀 1큰술, 잣가루 1/2컵

만드는 법

1 생강은 껍질을 벗겨 얇게 저며 분량의 물을 넣고 곱게 갈아 준다.

2 갈아 놓은 생강을 고운체에 걸러 건더기를 걸러 준다.

3 건더기를 거른 생강물은 그릇에 받아 생강 전분을 가라앉힌다.

4 생강 건더기는 물에 헹구어 매운맛을 제거해 둔다.

5 냄비에 생강 건더기와 물, 설탕, 소금을 넣어 끓이면서 물엿을 넣고 약한 불에 서서히 졸여준다.

6 물이 거의 졸여지면 가라앉힌 녹말을 넣고 서로 섞어주고 꿀을 넣어 더 졸여 준다.

7 졸여진 생강은 손으로 모양(삼각뿔)을 잡으며 빚어 잣가루를 묻힌다.

편강

생강 1kg, 설탕 1kg, 소금 약간

만드는 법

1 생강은 흠이 없는 깨끗한 것으로 고른다.

2 생강 껍질을 벗기고 얇게 슬라이스해서 준비한다.

3 생강을 물에 담가 매운맛을 우려낸다.

4 우려낸 생강을 살짝 끓인다.

5 끓인 생강은 체에 두어 물기를 뺀 후 튀김 팬에 설탕, 소금을 넣고 은근하게 졸인다.(처음에는 설탕이 녹아 수분이 많아진다.)

6 시간이 지나면 수분이 없어지면서 설탕이 하얗게 색이 나기 시작한다.

7 약간 촉촉한 상태로 생강이 하얗게 결정체가 형성되면 마무리한다.

8 여열로 남은 수분을 살짝 더 말려준다.

생강약과

주재료　밀가루(박력분) 200g, 생강가루 2큰술, 소금 1/4작은술, 참기름 3.5큰술, 튀김용 기름

추가 반죽　설탕시럽(설탕 5큰술, 물 5큰술, 물엿 1작은술), 소주 4큰술

집청 시럽　검은 물엿 1/4컵, 생강청 1/4컵, 물 2큰술

고명　잣 1큰술

만드는 법

1 밀가루, 생강가루, 소금을 한데 섞고 참기름을 넣고 고루 비빈 다음 고운체에 내린다.

2 냄비에 설탕, 물, 물엿을 넣어 젓지 않은 상태로 반 정도 분량이 될 때까지 끓여 식혀 설탕시럽을 만든다.

3 1의 반죽에 위의 설탕시럽과 소주를 넣고 반죽하여 한 덩어리로 뭉친다.

4 위의 반죽을 밀대로 밀어 접기를 5~6차례 반복한 후 0.7cm 두께로 민다.

5 밀어 놓은 반죽을 가로세로 3cm 정도 크기로 네모나게 썬 후 가장자리에 칼집을 넣어 비튼다.

6 110℃ 정도로 달궈진 기름에 위의 반죽을 넣어 떠올라 앞뒤로 하얗게 부풀면 기름에서 건져 낸다.

7 다시 기름의 온도를 160℃ 정도로 올린 후 갈색이 나도록 튀겨낸 후 기름을 뺀다.

8 검은 물엿, 생강청, 물을 섞어 살짝 끓인 집청 시럽에 위의 생강약과를 넣어 1시간 정도 담가 집청한다.

9 생강약과에 집청 시럽이 잘 배면 건져 시럽을 뺀 후 그릇에 담고 잣을 곱게 다져 뿌려 낸다.

생강초절임

재료

주재료 햇생강 200g, 백년초가루 약간

단촛물 식초 1/2컵, 물 1/2컵, 설탕 4큰술, 소금 1/2큰술

만드는 법

1 생강은 섬유질이 연하며 크기가 굵은 햇생강으로 준비한다.

2 생강을 깨끗이 씻어 겉껍질은 모두 벗기고 얇게 저민다.

3 위의 생강을 끓는 물에 1분 정도 삶아내고 찬물에 헹궈 물기를 받쳐 놓는다.

4 냄비에 분량의 식초, 물, 설탕, 소금을 넣고 한소끔 끓여 단촛물을 만들어 놓는다.

5 4의 단촛물을 절반 덜어 백년초가루로 붉은색을 낸다.

6 각각의 단촛물에 3의 생강을 넣고 2일 정도 숙성시켜 두 가지 색깔의 생강초 절임을 완성시킨다.

생강 드레싱 샐러드

재료

주재료 양상추, 방울토마토, 치커리 등 신선한 각종 샐러드용 채소

생강 드레싱 생강 30g, 마늘 1쪽, 샐러드오일 1/2컵, 레몬청 2큰술, 식초 2큰술, 소금 1/2작은술

만드는 법

1 생강은 껍질을 벗기고 얇게 저며 물에 담가 매운맛을 뺀다.

2 생강의 물기를 빼고 샐러드오일 2큰술을 넣어 5분 정도 볶는다.

3 위의 재료를 믹서에 넣고 마늘, 레몬청, 나머지 분량의 샐러드오일, 식초, 소금을 넣고 곱게 갈아 드레싱을 완성한다.

4 샐러드용 채소는 한입 크기로 손질하여 잎채소는 찬물에 10분 정도 담갔다 건져 물기를 털어내고 토마토는 먹기 좋은 크기로 준비한다.

5 준비된 샐러드용 채소를 샐러드 용기에 풍성하게 담아내고 생강 드레싱을 곁들인다.

생강파스타

재료

주재료 파스타 면 80g, 물 5컵, 소금 1/2큰술

파스타 소스 생강 15g, 양송이버섯 2개, 돼지고기 삼겹살 100g, 고추기름 1큰술, 올리브오일 1큰술, 소금 1/4작은술, 후추 1/4작은술, 면 삶은 물(면수) 1/2컵

장식 대파 푸른 잎 1잎

만드는 법

1 냄비에 물 5컵을 넣고 끓으면 분량의 소금을 넣은 후 파스타 면을 넣고 9분간 삶는다.

2 위의 면이 삶아지면 체에 밭쳐 놓은 후 면을 헹구지 말고 면 삶은 물 1/2컵을 따로 준비한다.

3 생강은 얇게 채를 썰고 양송이버섯은 반을 잘라 준비한다.

4 돼지고기는 삼겹살 부위를 한입 크기로 썰어 놓는다.

5 팬을 살짝 달군 후 고추기름과 올리브오일을 두르고 생강과 돼지고기 삼겹살을 볶는다.

6 여기에 양송이버섯을 볶다가 2의 면을 넣고 볶는다.

7 팬에 면 삶은 물을 넣고 소금, 후추로 간을 하여 촉촉하게 볶아 낸다.

8 볶아진 면을 그릇에 보기 좋게 담고 곱게 채 썬 대파를 장식으로 올려 낸다.

16

생강케이크

재료

밀가루(박력분) 150g, 베이킹파우더 1작은술, 베이킹소다 1/2작은술, 계피가루 1작은술, 생강가루 1작은술, 소금 1/2작은술, 식용유 2/3컵, 설탕 3/4컵, 달걀 3개

만드는 법

1 분량의 밀가루, 베이킹파우더, 베이킹소다, 계피가루, 생강가루, 소금을 한데 섞어 체에 내려 놓는다.

2 우묵한 볼에 설탕과 달걀을 넣고 잘 저어 설탕을 녹인다.

3 식용유를 넣고 잘 섞는다.

4 준비해 놓은 1의 가루를 3에 넣어 마른 가루가 없어질 때까지 섞는다.

5 케이크 틀의 안쪽에 식용유를 넉넉히 바른 후 위의 반죽을 붓는다.

6 180℃로 예열된 오븐에 넣고 30-40분간 굽는다.

7 꼬치로 찔러 보아 반죽이 묻어나지 않으면 다 구워진 것이므로 내어서 식힌 후 틀에서 꺼낸다.

생강오트밀쿠키

재료

버터 60g, 달걀 1개, 오트밀가루 190g, 베이킹소다 1g, 생강가루 3g, 설탕 70g, 덧가루용 설탕 약간, 과일잼 약간

만드는 법

1 버터는 냉장고에서 꺼내 상온에서 30분 이상 두어 부드러워지도록 준비한다.

2 우묵한 볼에 위의 버터를 넣고 나무주걱으로 잘 저어 크림처럼 부드럽게 만든다.

3 여기에 분량의 설탕을 넣고 설탕이 녹도록 저어 준다.

4 달걀은 노른자와 흰자를 잘 풀어 위의 버터에 조금씩 넣고 저어 잘 섞어준다.

5 오트밀가루, 베이킹소다, 생강가루를 한데 섞은 후 체에 내려 위의 재료에 섞어 마른 가루가 없어질 때까지 가볍게 반죽한다.

6 5의 반죽을 밤톨 크기 정도로 나눠 둥글납작하게 빚은 후 겉면에 설탕을 묻혀 일정한 간격으로 오븐 팬에 유산지를 깔고 올린다.

7 반죽의 가운데 부분을 손가락으로 눌러 우묵한 모양이 되도록 한 후 180℃로 예열한 오븐에 넣어 12~14분 정도 구워낸다.

8 구워진 쿠키를 꺼내 충분히 식힌 후 가운데 부분에 과일잼을 얹어 완성한다.

생강설기

주재료 멥쌀가루 1kg, 찐 생강가루 20g, 배즙 1/2컵, 소금 1큰술, 설탕 1컵

고명 생란 약간, 식용 꽃 또는 허브 잎 약간

만드는 법

1 멥쌀은 깨끗이 씻어 5시간 정도 불린 후, 1시간 정도 체에 밭쳐 물기를 빼고 곱게 가루로 빻는다.

2 위의 멥쌀가루에 소금과 찐 생강가루를 섞어 놓는다.

3 배는 강판에 껍질째 갈아 면보자기에 짜서 배즙으로 준비한다.

4 2의 쌀가루에 배즙을 넣고 양손으로 잘 비벼 수분이 고루 배도록 한 다음 고운 체에 손으로 문질러가며 두 번 정도 내린다. 이때 체가 고울수록 나중에 설기의 질감이 카스텔라처럼 부드럽게 된다.

5 체에 내린 쌀가루에 분량의 설탕을 넣고 잘 섞어준다.

6 둥근 대나무통 찜기의 밑에 면보자기 또는 실리콘깔개를 찜기의 모양과 맞춰 깔고 위의 쌀가루를 얹는다.

7 쌀가루의 윗면을 편평하게 해 준 다음 떡이 쪄진 이후에 자르기 쉽도록 가루에 칼집을 넣어준 후 김이 오른 찜통에 넣고 30분간 찐다.

8 다 쪄진 설기를 그릇에 담고 생란과 허브잎 등으로 장식해 낸다.

생강버섯밥

재료

주재료 불린 쌀 2컵(생쌀 1.5컵), 표고버섯 4개, 생강 10g, 물 380ml, 실파 1줄기

양념장 간장 2큰술, 다시물 1.5큰술, 다진 마늘 1작은술, 달래 다진 것 2큰술, 깨소금 1작은술, 참기름 1/2큰술

만드는 법

1 쌀은 깨끗이 씻어 30분간 불린 후 물기를 빼 놓는다.

2 표고버섯은 기둥째 얇게 썰어 놓는다.

3 생강은 껍질을 벗기고 얇게 채를 썰어 놓는다.

4 냄비에 불려 놓은 쌀과 표고버섯을 넣고 분량의 물을 부은 후 밥을 짓는다.

5 밥물이 거의 없어지면 채 썰어 놓은 생강을 밥 위에 얹고 뚜껑을 덮은 후 약한 불로 7분 정도 뜸을 들인다.

6 분량의 양념을 잘 섞어 양념장을 만들어 생강버섯밥과 같이 곁들여 낸다.

생강채소튀김

재료

주재료 생표고버섯 2개, 쑥 100g, 튀김용 기름 적당량

튀김옷 밀가루 박력분 3/4컵, 옥수수전분 1/4컵, 생강가루 1작은술, 베이킹파우더 1/3작은술, 소금 1/4작은술, 얼음물 1컵

만드는 법

1 생표고버섯은 물에 씻지 말고 가볍게 먼지만 털어낸 다음 기둥을 잘라내고 검은 껍질 쪽에 별모양으로 칼집을 낸다.

2 쑥은 흐르는 물에 씻어 물기를 잘 털어낸다.

3 분량의 밀가루 박력분, 옥수수전분, 생강가루, 베이킹파우더, 소금을 잘 섞어 튀김가루를 만들어 놓은 후 가루 2큰술 정도만 남긴다.

4 위의 튀김가루에 분량의 얼음물을 넣고 가볍게 섞어 튀김옷을 만든다.

5 미리 준비해 놓은 생표고버섯과 쑥에 3에 남겨 둔 2큰술 정도의 튀김가루를 묻힌다.

6 여기에 4의 튀김옷을 듬뿍 묻힌 후 170℃로 달궈진 기름에 넣어 바삭하게 튀겨 낸다.

TIP

★ 튀김가루에 생강가루를 섞으면 향긋한 풍미와 함께 느끼한 맛을 잡아주는 역할을 하며 기름의 산패를 지연시키는 역할도 해준다.

★ 버섯과 쑥 이외에도 가지, 호박, 감자, 고구마 등 다양한 채소를 활용하여 만들 수 있다.

돼지고기생강구이

재료

주재료 돼지고기(목살) 300g, 녹말가루 약간, 마늘 4쪽, 생강 1쪽, 식용유 약간, 통후추 1작은술

고기 밑간 후추 약간, 생강가루 약간

양념장 간장 1.5큰술, 청주 1.5큰술, 맛술 1.5큰술, 올리고당 1큰술, 흑설탕 1큰술, 생강가루 1작은술

부추생채 영양부추 1/5단, 양파 1/4개

생채 양념 간장 1큰술, 식초 1큰술, 고춧가루 1작은술, 다진 마늘 1작은술, 설탕 2작은술, 통깨, 참기름 약간씩

만드는 법

1 돼지고기는 목살로 도톰하게 준비하여 잔 칼집을 낸 후 후춧가루와 생강가루로 밑간을 살짝 한다.

2 마늘과 생강은 얇게 저민다.

3 밑간을 한 고기에 녹말가루를 묻힌 후 팬을 달궈 식용유를 두르고 2의 마늘, 생강을 넣어 향을 낸 후 고기를 노릇하게 굽는다.

4 팬에 분량의 양념을 넣고 끓으면 위의 고기를 넣어 국물이 없어질 때까지 졸이듯이 굽는다.

5 통후추를 으깨 위의 고기에 뿌린다.

6 부추는 3~4cm 길이로 썰고 양파도 채 썰어 섞어 놓는다.

7 생채 양념을 잘 섞어 위의 부추에 가볍게 버무린 후 구워낸 고기와 함께 곁들인다.

삼치생강구이

재료

주재료 삼치(중간 크기) 1마리, 생강술 2큰술, 소금, 후추 약간씩, 밀가루 1/4컵, 식용유 적당량

양념 간장 2큰술, 설탕 2큰술, 물엿(또는 올리고당) 3큰술, 청주 2큰술, 물 4큰술

고명 생강 10g, 산초가루 약간

만드는 법

1 삼치는 머리와 내장을 제거한 후 살만 포를 떠서 반 자른 후 생강술 2큰술에 재어 놓는다.

2 삼치의 물기를 살짝 닦아낸 후 소금, 후추로 밑간하여 밀가루를 발라 식용유에 튀기듯 구워 놓는다.

3 팬에 분량의 간장, 설탕, 물엿, 청주, 물을 넣고 끓으면 위의 삼치를 넣고 센 불에서 국물이 없어질 때까지 바짝 졸인다.

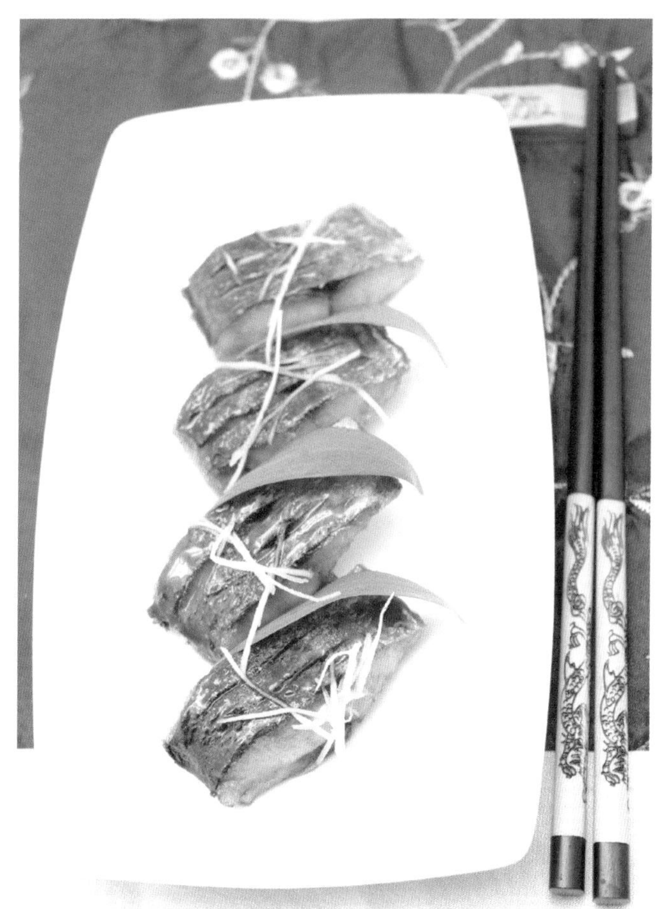

4 생강을 얇게 채를 썰어 물에 담갔다 건져 물기를 빼 놓는다.

5 위의 생강을 삼치 위에 올리고 산초가루를 뿌려 낸다.

7
생강을 닮은 식재료들

알아 두면 좋은 생강과 식물

지금까지는 생강의 좋은 점에 대하여 집중적으로 설명하였는데, 생강은 식용은 물론 약용으로도 다방면에서 쓸 수 있는 훌륭한 식재료이다. 효능 및 생김새가 비슷한 특징을 가진 생강과(生薑科) 식물에는 강황, 울금, 핑거루트 등이 있다. 이 식물들이 생강과 어떤 점에서 유사한지 어떤 효과를 기대할 수 있는지 알아보자.

● 강황(薑黃)

노란 색깔의 맛있는 카레의 원료는 강황이다. 원산지가 인도인 강황은 중국, 동남아시아 등 여러 나라에서 생산된다. 생강과에 속하는 강황은 뿌리를 식용으로 하며 노란색 색소와 향신료로 이용된다. 요즘은 대형마트

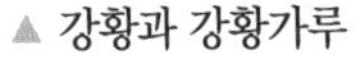

▲ 강황과 강황가루

▲ 강황을 활용한 요리(치킨카레)

에서 가루로 만들어진 강황 제품들을 판매하고 있어 가정에서도 요리에 쉽게 활용할 수 있다. 강황의 주성분인 커큐민(Curcumin)은 간과 염증에 좋고 피부질환을 다스리는데 탁월한 효능이 있다. 강황의 성질은 몹시 따뜻하고, 맛은 매우면서 쓰다. 한방에서는 냉기를 없애 어혈을 제거하고, 기 순환을 좋게 하여 혈압을 내려준다고 하였다.

● 울금(鬱金)

울금은 우리나라 진도를 비롯하여 인도, 중국, 일본 등지에서 재배된다. 강황과 색이나 모양, 맛 등이 비슷하여 혼동하기 쉽다. 둘 다 같은 생강과에 속하는 식물이지만 강황은 뿌리줄기에 달리고, 울금은 덩이뿌리를 사용하는 것이 차이점이다. 보통 우리나라의 재래시장에서 판매되는 것은 강황보다 울금이 더 많다. 울금과 강황 모두 황금색의 커큐민 성분을 가지고 있으나 따뜻한 성질의 강황에 비해 울금은 찬 성질을 가진다.

울금은 혈액순환을 원활하게 도와주고 항산화, 항염작용을 한다. 이외에도 생리통과 생리불순, 자주 코피가 날 때에도 효과가 있으며, 초기 대장암과 피부암 등에도 효능이 있는 것으로 알려져 있다.

▲ 한약재로 사용되는 말린 울금

● 갈랑갈(Galangal)

흔히 아시아 생강, 태국 생강이라 불리는 갈랑갈은 열대 아시아가 원산지이다. 한방에서는 갈랑갈의 뿌리줄기를 '대고량강(大高良薑)'이라 하고, 열매를 '홍두구(紅豆蔻)'라 구분하는데 약재로 이용한다.

갈랑갈은 생강과 모양이나 맛이 매우 비슷하지만 생강에 비해 좀 더 강

▲ 갈랑갈

▲ 똠얌꿍

한 향미를 갖는다. 특히 태국의 대표 음식인 똠얌꿍에 들어가는 기본 향신료로 쓰이고, 중국에서는 탕이나 찜 요리에 사용한다. 《동의보감》을 보면, 갈랑갈의 열매인 홍두구는 성질이 따뜻하고 맛이 맵거나 쓰지만 독이 없고 설사나 복통에 효과가 있으며 구토를 낫게 하고 술독을 풀어준다고 하였다. 그리고 갈랑갈의 뿌리는 위를 따뜻하게 하고 통증을 멎게 한다고 기록되어 있다.

● 핑거루트(Fingerroot)

뿌리 모양이 손가락같이 생겼다 하여 핑거루트라 부른다. 인도네시아나 동남아 지역의 열대우림이나 아열대 지역의 습지에서 자라며 약재와 향신료로 사용되는 생강과의 식물이다. 핑거루트는 생강과 같이 매운맛과 향이 나고 성질은 따뜻하다. 민간요법으로 감기와 근육통, 관절염, 위장장애, 충치 등의 질병에 사용되었다.

핑거루트에 함유된 '판두라틴'이라는 성분은 체지방을 분해하기 때문에 다이어트에 효과가 있다. 그 외에도 항염증 효과가 강해 관절염이나 감기, 피부 노화 개선에 도움이 된다. 핑거루트의 추출 분말은 식품의약품 안전처에서 체지방 감소 등에 도움을 주는 기능성 원료로 인정받아 건강 보조식품 등으로 활용되고 있다.

▲ 핑거루트

● 양하(蘘荷)

생강과에 속하는 양하는 줄기와 잎이 생강과 매우 비슷하며 '야생강', '양애'라고 불리기도 한다. 독특한 향과 맛, 색을 가지고 있으며 제주도와 전남 지방에서 많이 재배한다. 다른 생강과 식물들은 뿌리를 주로 섭취하는데 비해 양하는 어린 순이나 꽃봉오리 부분을 먹는다. 칼륨과 칼슘, 마그네슘, 철분 등의 무기질이 다양하게 함유되어 있으며 혈액순환, 진통, 건위, 심장병, 결막염, 진해, 거담, 식욕부진에 효과가 있다. 양하김치나 장아찌 같은 향토음식을 주로 만들어 먹으며, 그 외에도 기름에 볶거나 국을 끓여 먹기도 한다.

▲ 양하

'겨울에 무를 먹고 여름에 생강을 먹으면
의사가 필요치 않다'는 속담이 전해진다.

8

생강을 먹을 때 고려할 점

건강하게 생강을 섭취하려면

생강은 예로부터 몸에 좋고 약이 되는 만병통치의 기능을 하는 식품으로 인정받아 왔다. 하지만 아무리 몸에 좋은 것이라도 자신의 체질이나 현재 몸의 상태를 무시하고 지나치게 많이 먹는 것은 좋지 못한 결과를 가져올 수 있다.

몸에 열이 많고 땀을 많이 흘리는 체질이라면 몸을 따뜻하게 하는 생강이 맞지 않고 오히려 해가 될 수 있다. 그리고 생강은 혈관 확장 효과가 뛰어나서 혈액순환을 돕는다는 점에서는 이로우나 출혈이 있는 경우에는 섭취하지 않는 것이 좋다. 또한 생강을 지나치게 많이 섭취할 경우에는 위산이 과다하게 분비되어 위 점막이 손상될 위험도 있다.

이 장에서는 생강을 음식의 양념이 아닌 약처럼 먹을 때 고려해야 할 점들에 대해 설명하고자 한다. 만병을 치료할 수 있는 귀한 약이라도 정확한 복용법을 알지 못하면 효과를 얻을 수 없을 뿐 아니라 오히려 독이 될 수도 있다는 것을 명심하자.

1. 생강은 혈관을 확장시키는 효과가 있으므로 치질, 위궤양, 십이지장 궤양 같은 출혈이 있는 질병의 경우에는 잠시 피하는 것이 좋다.

2. 생강은 위액의 분비를 촉진하는 효과가 있으므로 위가 약한 사람들은 소량만 섭취하는 것이 좋다.

3. 생강은 몸에 열을 높이는 효능이 있으므로 열이 많은 사람은 조절하여 섭취하는 것이 좋다.

4. 결막염이 있거나 눈의 충혈이 심한 사람들의 경우에는 양을 조절해서 먹도록 한다.

5. 임신 중에는 너무 많이 먹지 않도록 주의한다.

6. 생강은 부패되면 사프롤이라는 독성 물질이 생기는데, 이 물질은 간세포를 변형시켜 암이 생길 수 있으니 부패된 생강은 절대 먹지 말아야 한다.

▲ 부패된 생강

7. 생강을 음식의 양념이 아닌 약으로 오랫동안 사용할 경우에는 몸 안에 열이 쌓이고 음기를 손상시켜 눈을 상하게 할 수 있으니 주의해야 한다.

8. 피부병이나 종기가 있는 경우에 생강을 섭취하면 부작용이 생길 수 있으므로 주의해야 한다.

9. 생강은 몸이 냉하고 습한 태음인과 소음인에게는 열을 내는 효과가 있어 몸에 좋지만, 열이 많은 태양인과 소양인에게는 좋지 않을 수 있다. 그러나 하루 한 잔 정도 생강차를 마시거나 양념으로서의 생강은 크게 문제되지 않는다.

좋은 생강을 고르는 방법 및 보관 방법

좋은 생강은 육질이 단단하고 윤기가 나며 마디가 굵은 것으로 한 덩어리에 여러 조각이 붙어 있는 울퉁불퉁한 모양이다. 껍질을 볼 때에는 되도록 흠이 없고 잘 벗겨지는 것이 좋다. 또한 생강 고유의 매운맛과 향기가 강한 것으로 색이 다소 짙은 편의 생강을 고른다. 언 생강의 경우에는 표면이 멀겋게 되고 생강 특유의 향도 약해지므로 얼지 않은 생강을 골라야 한다.

생강을 미리 다듬어서 건조를 막기 위해 비닐이나 젖은 키친타월에 싸서 냉장고에 넣어두면 2~3일 정도 보관할 수 있다. 그러나 생강을 여러 달 동안 보관하려면 흙이 붙어 있는 그대로 신문지로 싸서 온도 변화가 없는 흙이나 모래에 묻어두면 된다. 하지만 이보다 더 길게 장기간 보관하려면 생강을 편으로 썰거나 다진 후에 수분이 없도록 하여 냉동실에 보관하도록 한다.

▲ 생강의 장기 보관 준비 과정